不需要每個人都喜歡你

受傷的勇氣

李承珉——著
袁育媗——譯

不被四面八方襲來的批評所傷，練習受傷的勇氣！

編按

工作明明就充滿幹勁又努力，為何還是被主管常常當著同事的面前責罵？已經學著察言觀色，也讓工作達成目標，為什麼還是得不到同事的讚賞，反而招來更多批評？

承受著無情打擊，原本的自信心、給自己的加油打氣都快用盡，心也傷得越來越深，開始懷疑是不是自己太差勁？還是自己太脆弱了？想不透，只好以疏遠同事或以離職作為最後決定。

本書作者李承珉說：**「渴望被肯定的需求是無法壓抑的！」**因為遭受批評而覺得受傷一點都不奇怪，更不能長期忍受這樣的心理壓力，因為批評累積越久，負面的信念就越深，**要嘗試說出自己的情緒**，「情緒表達越明白越好」，例如：「你的批評讓我很受傷。」

而他也認為，再完美的人也會被批評，而且「完美」「不完美」的定義很主觀，我們無法滿足也不需要討好所有人，要試著接受**「一定有人第一眼看我就不順眼」「不需要每個人都喜歡我」**，讓自己有**「受傷的勇氣」**！

推薦序・比「乖」更重要的事！

在傳統的儒家思維薰陶下，許多人都會把溫良恭儉給視為「安全牌」，確實，在華人社會中，乖乖牌往往在成長過程中得人稱讚，至少不易有負評。但《聖經》中有句非常警世：「人都說你們好的時候，你們有禍了！」這句話絕對堪列為讓許多人驚異的聖經名句之一！

為何「人都說你們好的時候，你們有禍了」？不同的人或許有不同的詮釋與生活應用，但很顯然的，它提醒我們處處「討好」絕非上上策！一個處處討好、迎合眾人眼光的人也許很「乖」，但恐怕也失去了自己原本的特色，甚至讓自己變成一個鄉愿卻迷惘的人。是以我過去在自己的書中也強調：乖當然不是壞事，然而，人生，有很多事情比「乖」更重要！

只是我們在做那些事時，難免會付出一些代價，這時，這本《受傷的勇氣》中所提的許多觀念就非常受用了。包括提到了「人都無法擺脫他人的看法與評價，一個人是否能不受他人的批評而搖擺，聰明找到自己的平衡，可以看出你在社會上的評價。」

可不是嗎？人生「有使命感」比「乖」更重要，比處處討好、一味迎合人更重要，但我們怎麼知道自己所追尋的使命感是不是對的？歷史上許多偉人，如林肯、馬丁・路德・金恩等，是在信仰中找到這問題的答案，他們因著信仰，而有了人生的使命感，即便過程中被人討厭或受了傷，他們仍有勇氣繼續前行。

許多人把乖、凡事恭順給視為安全牌，而這本《受傷的勇氣》的內容卻分享了許多「不處處討好人的勇氣」「不八面玲瓏的勇氣」等觀點，相信可以帶給這個世代一些省思。

施以諾 博士
作家、輔大醫學院職能治療學系專任精神科副教授

名家推薦

《未生》是以「不合」的職場舞台作為故事背景設定。如果你不認同每個人都有自己的獨特性，只要求主管或下屬的思考模式跟你一樣，那麼這個世界就不會有所謂的「繼續性逆轉」。被批評時應該思考對方與自己的差異性，接受對的事物，不去在意錯誤的地方。誠心推薦給一味怪罪自己或他人，因而在社會生活遭受困難的人們。

——尹胎鎬（漫畫家，《未生》作者）

不合理的工作量與令人精神緊繃的事務逼得我們一刻不得清閒，備感壓力，這就是現代人的寫照。然而停下腳步思考才發現，所有壓力都源自於「人際關係」。要怎麼做才能從險惡的關係中保護好自己，並且獲得幸福呢？本書舉出最真實的臨床實例，相信能帶給疲憊的現代人溫暖的安慰。

——申英哲（身心健康研究所專科醫師，江北三星醫院企業身心健康研究所所長）

最有效的情緒處理方式就是不被對方的情緒左右。我們不必因為外在批評而因此感到憤怒與煩躁。當對方無憑無據批評你、在背後責罵你，只要心想「他本來就是這種人」就好了。若你把錯誤扛下來，就等於是陷自己於水深火熱的地獄中。希望容易受他人情緒影響的人能藉由本書獲得「保護自己不受傷的力量」。

——咸圭政（情緒訓練專家，《三十歲的情感課》作者）

經理人月刊網路迴響

接受不完美的自己，每次被批評，都在累積自己在專業、人際等各方面肌肉的強壯，有一天，機會來了，強壯的肌肉自然會展現它的能力！但鍛鍊過程總是費心費力！

——讀者 Bob Yeh Bob

人們常常會無法接受被批評，是人之常情，但也因為感性駕馭了我們的判斷，讓我們內心不斷告訴自己：「他們否定我了！」從中而感受到痛苦。人生在世，歸屬感與被需要相當重要，因此被批評就像是不被需要，被否定付出，但如果試著抽離情緒客觀面對批評，我們就能判斷出其中是有理或無理了。

——讀者 Kit Huang

你不一定要接受批評，但一定要思考批評背後真正的原因與用意。如果批評的語氣讓你感到不舒服，但真的有指出自己的缺點，就應該虛心接受並努力改進，甚至進而思考~如果有機會，自己會用哪一種更容易讓人接受的方式提醒對方留意？若是批評者的內容並不正確，更不該讓自己因生氣而遭受二次傷害，而要試著反向思考~為何對方要批評你？對方真正的用意？做人做事很難最好，但可以試著更好。我們不用討好每個人，但一定要讓自己越來越好！

——讀者 Sunny Hsia

CHAPTER 03

受了傷卻佯裝堅強

CHAPTER 04

愛人者被愛

【前言】

不需要每個人都喜歡你

差不多去年此時，我看了丹麥電影《謊言的烙印》（The Hunt），直到現在仍印象深刻。男主角是個認真守本分的幼稚園老師，卻突如其來被誣指涉嫌兒童性侵案。即使他不斷主張自己的清白還是無法洗清冤屈，掉進了越來越痛苦的深淵。沒有人願意相信他讓男主角很難過，身邊無人同情的絕望使他更受挫折，看著看著我也跟著難過了起來。即使到電影尾聲，旁人對主角的誤會與憎恨仍未消滅。雖然這只是他人無心扔來的石頭，但被石頭擊中的人卻是無比疼痛。無根據而引起的迫害是很可怕的。

這部電影令我印象最深刻的是周遭同事一夕之間對他嗤之以鼻，還有朋友態度上的轉變。他們不願意聽，也無心了解主角的處境和解釋，在背後道人長短，對主角如遇到傳染病一般，避之唯恐不及。然而這些人以前卻都是主角的朋友，曾經勾肩搭背飲酒作樂，趁著酒意共同歡唱。如此要好的朋友也可能聽信流言蜚語，轉眼間背離自己，這對現代人來說是不可忽視的警示，它隨時隨地都可能發生。

每當我和因外界批評而受傷的人諮商時，就會想起這部電影。人們似乎隨時準備好要攻擊他人，連昨日的同伴都可能變成明日的敵人，更何況是與自己不熟識的人攻擊起來就更肆無忌憚了。然而這並不表示這個世界上沒有人值得信任。還是有很多人願意幫助我們，關心我們過得好不好，守護著我們。但不可諱言的是，**人心變化很快。沒有人能為人心無常找到合理的解釋**。就因為沒有原因，才更令人無所適從。我們不就常聽說「愛怎麼可以說變就變」？如果在背後說閒話的人是我們親近的人，心裡的傷害會更深。它讓我們認為自己是不值得被愛的，變得懼怕與人接觸。當一個人對人生抱持自暴自棄的態度時，不管是職場還是家庭生活都會過得很痛苦。

然而我們不能因為這樣就覺得受挫。無情的社會隨時都有可能出現不友善的對待，抱怨環境沒有辦法解決被人批評的問題。就算再怎麼鑽牛角尖「我為什麼會到這種公司？」「為什麼我一定要在這種部門和這些人工作？」你得到的只會是悲觀宿命論與自怨自艾而已。這種事情以後遇到的機會可多了。若你忍不住憤而離職，誰也沒辦法保證夢幻似的新工作不會發生相同的問題。若發生了，你會怎麼做？又遞辭呈嗎？輾轉各個公司，直到找到一個所有人都和你合得來的職場為止嗎？但真的有這種好事嗎？萬一被傳開，認為你只要一不滿意就不幹了，留給人壞印象又該怎麼辦呢？不是有句話說「好事不出門，壞事傳千里」嗎？

因此我們必須加強自己的韌性。**你可能無法去改變環境，但是可以靠自身的努力好好保護自己。**自我保護是一種本能，就像有蟲飛來面前，我們會縮起身子閉上眼睛一樣，人基於本能，自然會努力不讓自己的心受到傷害。然而你無法預測什麼時候會遇到刺傷你的言語攻擊，所以你應該先做好防護。不用去在意你的自我防護有沒有合理、是否符合事實。不要輕易交出自己內心的堡壘以示投降，也不要毫無防備地去面對猛烈進攻的敵人。因為一旦內心的堡壘淪陷後便難以修復，即使修復好了，也會留下難以抹滅的傷口。

被批評的時候，別再輕易投降。也不要處處看人臉色，四處架雷達觀察風吹草動。批評是不可避免的，不需要認為自己是惹人厭的。試煉可以使人更堅強，就如同人在愛裡受過許多傷之後，更懂得如何成熟地去愛。經歷多次的批評以及與批評相抗衡的經驗，你會變得更堅強。**被批評時，不妨把它想成一次機會**，並練習防護好自己。或許一開始你就遇上了難以應付的難題而備感挫折，但久而久之你會變得更堅強，成為一個面對問題時更能泰然處之的人。

防範他人批評時，平常就得好好鍛鍊自己。這就跟持之以恆的運動鍛鍊一樣，大力士海克力斯的體格絕不是一天練就而成的，對付惡言惡語的堅強心志也絕非一蹴可幾。要做到自我尊重，就得像平常運動一樣持續付出努力才行。雖然很累、很辛苦，也得忍。這就像存錢防老一樣，我們要搭建好陣地，防範他人的誹謗與攻擊。其中最重要的方法就是**找出能讓你感到自己存在的事物並且實踐它**，在日復一日的平凡生活中留下一個有意義的點。**生活的意義不是別人決定的，而是靠你自己賦予的。**認真思考「該如何使日常生活具有意義」的行為本身就充滿意義，然而我們平時幾乎不會這樣審視自己。

本書是我對批評的一些體悟，狹義來說是在探討批評，但廣義來看則是我對幸福與滿意的職場生活之個人見解與分享。或許幸福和滿意的職場生活最佳解答會是越少的工時、越多的閒暇，而在我思考後想跟讀者們分享的是如何在相同的條件、相同的工作時間之下，活出更有意義的一天。讀者可能欣然接受我的拙見，但也一定有人不以為然。即使如此，要是這些建議能提供有人際關係煩惱的讀者一扇窗，我也心滿意足了。

生活的意義不是別人決定的，
而是靠你自己賦予的。

Chapter 01

不被認同又如何

人都無法擺脫他人的看法與評價，
一個人是否能不受他人批評而搖擺，
聰明找到自己的平衡？

遇到愛批評我的人

任職第二年的K最近苦惱要不要離職而輾轉難眠。他認為自己跟乍到的新進員工一樣充滿幹勁，是個認真盡責的好青年，然而部門經理卻嫌他做事慢人一拍又不夠機靈，開始對他惡聲惡氣，後來還動不動當著同事的面責罵他。K雖費盡苦心想博取經理的好感，但仍然徒勞無功，反而因為問題不見好轉而自暴自棄了起來。他執意地認為，既然再怎麼努力都沒辦法獲得上司喜愛，眼前的狀況似乎也難以改變，那麼唯一的選擇就是辭職了。

工作不難，難的是人

我們每個人都承受著工作壓力。或許有些人很幸運，能夠在互相激勵、靈感分享、合作無間的氣氛下工作，但大部分上班族都有工作壓力。現代人的壓力來源大致可分為兩種，一是來自於職場，二是來自於家庭與個人因素。上班族通常是早上九點上班，晚上六點下班，但除了經常性平日加班之外，週末進辦公室也幾乎免不了。扣掉睡眠時間，我們相當於花了三分之二以上的時間在工作。可能基於這個原因，來向我諮詢的人通常是因為工作壓力而來，反而比較少家庭或經濟、健康問題等個人壓力。就算來談者同時被兩種類型所困擾，工作壓力還是比個人問題的壓力來得大，因為職場問題占據了他們生活較大的部分。雖然壓力的感受是因人而異的，不過通常越是對工作要求高、好勝心強、在意他人評價的人，在工作上越容易感到壓力。

工作壓力可以簡單地分成兩類。一類是來自工作本身性質，例如「工作很辛苦、工作量大、沒有時間休息、工作不適合自己」；另一類則與人際關係有關，如「不擅長與人相處、被同事討厭與惡言相向、與不合的同事共事而感到痛苦」。也就是說，工作壓力來源可歸納為工作或人。然而在與眾多來談者聊過之後發現，大部分令他們**痛苦的並非工作本身，而是與人有關的問題**。許多來談者在諮商開始時都著重於工作本身的辛苦面，但聊得越深入後就會吐露自己與同事不合的問題。人們都說「工作辛苦沒關係，心裡舒服就好」，我相信讀者們應該也抱持著相同的看法。那麼到底是什麼讓我們這麼不開心呢？那就是「人」。這個人可能是上司、同事、下屬，那些圍繞在我們周遭的人。

由此可見人的問題影響了工作的喜怒哀樂。人際問題是每個人都得面對的，就算是親和力強的人、習慣與人保持適當距離的人，都有他們各自得面臨的人際相處問題。職場就是個一邊與人打交道，一邊工作的場域，不只要顧好橫向關係，也得搞好上下關係。在職場中，我們對上司要有對上司的樣子，同事間相處也需要花心思經營，另外還要顧及自己在下屬面前樹立的形象。我們沒辦法選擇進入新工作後的共事成員，運氣好可能與自己契合的夥伴合作，但要是運氣不好，恐怕得長期和處不來的同事度過漫長的地獄生活。雖然我們不斷努力去符合他人的期待，但誰也不知道最後會是成功還是白忙一場。

俗話說「怕熱就不要進廚房」，與其忍受討厭的人，還不如爽快走人。這個方法最方便簡單，但我們卻沒辦法立刻執行，因為職場直接關係到我們的生存，也是實際的經濟收入來源。討厭上學可以轉學或參加檢定資格考試，不想參加社團隨時都可以不去，但是換工作、遞辭呈可沒這麼簡單。一個偶然際遇下找到的工作，就決定了往後的人際關係和生活品質。而在工作中最難以忍受的就是他人對我們的命令與批評。

批評與憂鬱的惡性迴圈

方才K的例子是職場上最常見的批評案例，而接下來要介紹的是A的故事。A進入公司時，本來對工作滿腔熱血，卻出現了不但愛雞蛋裡挑骨頭，還會貶低他的業績和功勞的B主管。B隨時都戴著放大鏡觀察他什麼時候犯錯。只要有B在身邊，A就緊張得如履薄冰，週日晚上一想到隔天還得看見B，更是難以入眠。他曾想翻臉或跟B大吵一架，但後果實在不堪設想。而且他也擔心此舉會影響考績或評分等現實利益，所以更不敢站出來與B正面衝突。

除了主管之外，我們也會在意同事與後輩的批評。在一個大團體中通常會形成幾個感情好的小圈圈。這就好比國、高中時期和幾個好朋友湊成的小團體一樣。大團體內分成幾個小圈圈，圈子裡的成員彼此相處和睦，但也可能出現批評和爭執。另外，我們也會因為自己所屬的團體而遭受莫名的批評與詆毀。批評通常源自於一些小誤會或成見，「我聽說某人……」閒言閒語就這樣被傳開了。有些人隨時隨地都感覺有人在批評自己而痛苦不堪，其中很多都是小圈圈閒話下的可憐受害者。而面對後輩呢？雖然他們大多年紀較輕，我們可能不會特別在意他們，但後輩也會在背後批評前輩沒有善盡照顧後輩的責任。面對主管，我們不會魯莽地以下犯上；而面對同事和後輩時，因為群聚批評的影響力不容小覷，實際上也不太可能與之正面對抗。

當你遇到這樣的批評時，一開始的姿態會是積極的，你會直接面對它或忽視它。你心想「他們不懂我」「那個人不懂我現在的處境」，並且試圖自我防禦。有時候你會努力去理解對方，認為「他應該有他的理由吧？」「他本來就這種人，不是針對我」，然而**當你長期面對這種猛烈的批評，自我防禦也不再管用時，你對自己的信心也隨之崩解**。當一個人被批評「你就是這副德性」「你到底有什麼用？」的時候，起初他會為自己辯駁：「那你倒是有多厲害？」「雖然我有時候難免出錯，但我大致上是很有能力的」。但時間久了，這個人就開始自我貶低，「原來我這麼不重要」「原來我能力這麼差」。當一個人長期處於被批評的環境時，會使自我防禦的城牆倒塌，面對他人的負面批評也不再能提出反駁。到這個程度時情緒將更加低潮，要是陷入憂鬱症和自我貶低狀態，就沒有辦法僅靠安慰來解決，必須接受醫學上的治療。

一旦陷入了情緒上的憂鬱和自我貶低時，人就無法做出正確的判斷，可能在面臨人生重要的問題時做了錯誤的抉擇。最常見的例子就是以為唯一的生路就是離開這地獄般的工作環境，憤而遞出辭呈。當然，我不能說離職就是錯誤的決定。在某方面看來，它可能是最俐落又最方便的解決之道。畢竟不用天天看到那些批評我的人，該有多快活？然而在你還沒有把因為長期被批評而受傷的自尊和心靈修復之前就離職，要是下個工作環境又遇到相同的狀況就真的沒有退路了。當你已經對自己喪失信心、認為自己比別人差了，卻**又遇到了新的批評時，你要怎麼去戰勝它呢？**你為了躲避批評而離職，但是到了新的環境卻又遭遇相同的處境時，你就只能選擇繼續逃避。長期遭受批評的最壞結果就是在這條無限迴圈的莫比烏斯帶裡，你越來越覺得自己是個沒用的人，為自己的身上烙下「不適任」的標籤。更別提受害者所經歷的憂鬱、不安與失眠的痛苦程度了。

人都需要被肯定

四十多歲的上班族A來到醫院找我，他說他的情緒化問題已經影響了工作和家庭生活，但他自己不明白是什麼原因。他出身自知名大學，在公司也是十年資深員工。他說自己好勝心強，原本以為這項特質是好的，但現在反而覺得扣分。他會為了一點點小事就對同事或部屬發脾氣，而且通常發生在工作不順的時候。我在諮商過程發現A的海外求學經歷與能力讓同事對他抱持很高的期待，他也十分在意能不能滿足這些人的期待，沒辦法跳脫周遭對自己的看法與評價。他的情緒完全受制於外人的反應，只要稍受主管肯定就開心，但要是被指責，心情又瞬間盪到谷底。A只要心情不好就對同事或部屬發飆，想當然耳會落得「衝動又小心眼」的臭名。

渴望被肯定的需求是無法壓抑的

每個人都希望受到家庭和職場的肯定。渴望被肯定的心理需求訴諸對象包含了同個屋簷下無時無刻不呵護著我們的父母，以及寂寞時一起吃飯喝酒或吐苦水的朋友。然而隨著年齡增長，我們不能再倚賴父母與朋友給予安慰。父母年紀大了，精神跟體力不如從前那樣對孩子諸事關心，再加上父母也要開始過自己的第二人生，生活會轉移到興趣上。畢竟小孩都長大成人了，不必凡事都要父母操心。父母和孩子各自忙各自的生活，彼此的聯絡也漸漸少了，最後變成沒消息就是好消息。家庭也是如此。下班後在家遇見的另一半可能整天忙著做家事，或是也被繁忙的工作壓得喘不過氣來，哪還有多餘的心力去關心我們？說不定不要干擾彼此休息就謝天謝地了。要是對方可以幫忙洗碗、替小孩洗澡，那該有多好？

職場是根據需求而組成的團體。每個人都為了各自的財務和成就目標拚命，根本無暇顧及他人。在韓國有句諺語「叔叔買地，我裝病」，期待與自己沒有血緣關係的人能做到像父母或配偶那樣照顧我、關心我，可說是異想天開。許多公司提倡為公司付出、關愛同事的情操，但是只有在我們心裡有餘力的時候，才可能把同事的煩惱視為己任，盡心盡力關心他們。只靠責任感是有限的。職場如戰場，稍加懈怠就可能落於人後，哪還有多餘的心力去關心、支持別人呢？

家人之間也是同樣道理。當夫妻兩人都感到身心俱疲時，各自都希望對方能先認同自己。就算別人無法理解，至少另一半能理解我今天過得有多辛苦、有多少做不完的家事、為了忍受瘋子老闆的責罵吃了多少苦頭。但問題就在於雙方都想搶先獲得對方的關懷，兩個都急著講自己的事情，就會變得自我中心，認為「你先聽我說，我再聽你說」，心想「我知道你很痛苦，可是我比你還累，所以你得先聽我說」。說話主導權被搶占的一方聽著對方的抱怨時，心裡也不是滋味：「只有你累嗎？我也很累啊！」所以也很難產生真正的同理心。然而會先含情脈脈地問「你今天很累吧？」的另一半是可遇不可求，試問自己曾經先關心過辛苦工作養家的另一半嗎？當彼此對對方產生埋怨時，就不可能從對方身上獲得認同了。

沒錯，這就是現實。**我們現在是大人了，要自己照顧自己。**我們不能再繼續任性要賴皮，必須把自己的人生打理好或許有人認為既然沒那麼容易獲得肯定，那麼先降低標準不就好了？我們一定得獲得公司的肯定嗎？每天安安穩穩過日子，每個月薪水固定入袋不就好了嗎？不用刻意要讓公司肯定，只要默默地把分內工作做好，主管自然就會肯定我，考績也不會太難看。既然跟同事之間沒有太大的摩擦，別人喜歡我還是討厭我又有什麼大不了的？家庭方面也一樣，只要表面上看起來沒什麼問題，夫妻不太吵架，小孩也都乖乖長大，那麼又何必為了獲得家人肯定而傷腦筋呢？這樣看來只要我們降低標準，不過度期待他人的肯定，放寬心地過日子，所有事情似乎都迎刃而解。這樣就能過得好好的，別人肯不肯定我又算得了什麼？

然而**被肯定的需求卻是人類最強烈的本能之一**，並非降低標準就能夠隨心所欲調節它。一個人都要餓死了，你要他降低食慾有用嗎？就算你安慰自己「別人不肯定我也無所謂，我只要默默地過自己的日子就好」，但你真的有辦法克制想要被主管肯定、被另一半肯定的慾望嗎？在這個講求心靈療癒的社會裡常聽到要人「放空、放下」，但我們真的可以做到心靈的放空、放下嗎？我們既非出家人，也不是哲學家，卻因為我們無法放空、放下渴望被肯定的心理就遭受批評，反而更令人匪夷所思吧？

我們常常聽到要拋棄對物質、身分地位的慾望才能幸福，但我們真的做得到嗎？理想與現實之間的差距是很大的。

現代人還來不及煩惱得不得到肯定，就先受困於他人的批評之中。**讓我們不快樂的因素已經不再是失去肯定，而是被人批評**，我們不指望一定要被人肯定，只要能自在開心地過日子就心滿意足了。莫名其妙被批評是令人委屈的，聽到不中聽的話，無論是誰心情一定不好受。可是這種情緒又不知道該向誰宣洩。在忙碌的生活中彼此打氣已經很消耗精力了，要是還得忍受每天被人批評，一定更難熬。我們從前希望「被肯定」，如今標準已經大幅下修為「不被批評」。然而在我們生活周遭存在著數都數不清、莫名其妙到處批評別人的人。如果我們不可避免一定會被人無端批評，那麼你能不能充滿自信地去面對它、戰勝它，就決定了你的社會生活之成敗。

用愛填補心中的裂痕

L是個已婚上班族，她常常向自己的母親鬧脾氣。鬧脾氣的原因是她必須孤軍奮戰兼顧子女和事業。她不是超人，難免也會有身心交瘁的時刻，這時候母親就變成她的遷怒對象。一點芝麻綠豆的小事她都可以追究到底，吵鬧不休。平常不會對丈夫表現出的不耐煩和沒分寸都可以肆無忌憚地向母親宣洩。雖然有時候母親也會跟她吵起來，但大部分母親是不吭聲的。當L向母親發洩完所有的煩悶之後，她的壓力居然也釋放了不少。只不過是發個脾氣而已，為什麼就不煩躁了呢？L簡單地用一句話揭露了答案：「因為媽媽會接納我的一切啊！」

「隔代教養」的風氣越來越盛了。很多父母雖然上了年紀，體力大不如前，依然幫子女照顧孩子。調查發現祖父母並不全然是因為喜歡孫子才幫忙顧小孩，而是因為不忍心看自己的孩子辛苦。照顧小孩雖然累，但父母是最能理解兒女辛苦的人，所以即使一把老骨頭了也心甘情願。

基於母性的本能，L的母親看女兒開始為小事歇斯底里時，她知道「女兒今天看來是遭受什麼煩心事了」。因為她能理解，所以心甘情願成為出氣筒。「妳今天很辛苦吧？我能理解，都向我發洩吧」是身為母親對女兒最深的理解與寬大的胸懷。雖然L也可以向丈夫發洩，但還是不太自在。因為被遷怒的人不一定像自己的父母有如此寬大的心胸和容忍度，發洩情緒的人也對對方的耐心沒有把握，最後這股氣就全遷怒到父母的身上了。

我們對父母的依賴是永無止境的。無論何時何地，我們心裡都想吵著要父母給予無條件的肯定。L就是靠這樣的吵鬧來得到愛，她算是運氣不錯的例子。因為大部分的人與父母分隔兩地，很難獲得及時的安慰。甚至也有很多人的父母早已離世。人都需要一個能完全理解並肯定自己的對象，而我們通常會把期待放在配偶身上。然而配偶不可能發揮有如父母般的包容力，於是我們漸漸把期待值調降。婚姻諮商上最常聽到夫妻希望對方說的一句話就是「這樣啊，你真的好辛苦」。如此短短一句理解與肯定的話語卻如此難開口的原因，是因為配偶終究不是我們的父母。假如你真的遇到一個能像父母那樣肯定你的配偶，那麼你的人生真的非常成功。在職場上也是一樣的道理，如果「經理就像是自己的父親」，那麼你真的是個幸運兒。

或許這也能解釋為什麼人們**年紀越大，抗壓性越低**。能夠給予無限包容的父母離我們越來越遠，反而和陌生人越來越常接觸。這就好像敵人不斷地湧入，但城牆卻漸漸出現裂痕。為了填補城牆上的裂縫，我們需要進行修復工程。有種補土能夠填補綻裂開來的縫隙，那就是他人對我們的理解和肯定。他人的關懷與關愛可以讓我們的城牆更堅固。如何填補城牆上的隙縫，將會決定我們會被批評與壓力擊潰，還是成功戰勝它。如果沒有人可以提供好材質的補土，那可就糟糕了。這也是為什麼大家都有同樣的心聲——誰快給我一些補土吧！要像爸爸、媽媽當初給我的那種好材質的補土！

對愛成癮的人

K的大學生活相當辛苦，為了就業不但要維持課業成績，還要兼顧課外活動。好在付出的努力沒有白費，他深受教授喜愛，朋友也鼓勵他，說他成績這麼優秀，無論到哪上班一定能獲得肯定。後來他真的不負眾望順利進入理想的公司，如今工作也已經過了半年。

雖然這是他急切渴望的職場生活，但是最近K深切感受到「職場果然跟學生時代差很多」。在職場上不但得笑嘻嘻和性格與自己截然不同的人相處，在高壓管理的上司底下工作也不能暢所欲言。其他同時期進來的同事也因為是新人，在各自部門裡只有察言觀色的分兒。K認為他和學生時期一樣努力，也獲得了自己滿意的成果，但卻沒有任何人稱讚他，反而是巴不得揪出K哪裡有把柄可抓。K渴望獲得認可，但得到的卻都是對他的批評，這使他終日鬱鬱寡歡。

為什麼人寧願被罵也不願被忽略

尋求肯定是人類的本能。我們每個人都希望被公司和家庭肯定，但現實是非常殘酷的。沒有人會摸摸你的頭，誇獎你做得好、好辛苦。就算你把工作做完，逃離戰場般的職場回到家，也只會看到一個被工作疲勞轟炸的配偶等著你。別以為是夫妻就會互相加油打氣，兩個都巴不得趕快上床睡覺。我們把焦點全都放在逃避批評而不是去尋求肯定，那麼又該用什麼來滿足我們對肯定的需求呢？我們會因批評而受傷，其實也就表示我們渴望被認同。因此接下來就讓我們來談一談渴望被肯定的心理是如何產生和變化的吧！

嬰兒若沒有大人的保護是無法生存的。孩子會哭鬧找爸爸媽媽，表示他正在強烈表達「餵我吃、哄我睡、陪我玩」的信號，而父母也會想方設法回應孩子。要是父母一直對孩子漠不關心，就無法適時地因應孩子的各種需求。

「被肯定」這個概念對大人而言有著非常複雜、多樣的意義，但對孩子而言「被肯定」直接影響性命的維持。當孩子「陪我玩、餵我吃、愛我」的需求獲得理解了，並且得到因應的對待，就表示孩子的存在被肯定了。

對孩子而言，跟母親玩比自己一個人玩要還快樂，被母親抱也一樣令人喜悅，大人對他笑比對他皺眉頭還感到安心。心情會如此變化的原因是什麼呢？人類的本能之一就是當他人關心我、對我表達善意時會感到心情愉悅。渴望被愛是一種本能，它無法解釋，就像為了生存一定要吃、要睡一樣。再次強調，**渴望被愛的本能對於孩子性命的維持扮演著重要的角色。**因為獲得母親的愛，母親才會餵我吃飯、哄我睡覺。雖然某些情況下，養育子女可能是出於義務，但大部分父母親照顧孩子都是因為愛。

漸漸地，孩子想做更多能吸引父母關心的舉動。他發現如果把飯菜吃光光或是收拾玩具就能獲得父母的稱讚。被稱讚就是被肯定，肯定使人快樂，所以每當被稱讚時，孩子就會感到幸福。不過也有為了獲得父母肯定而故意做出不良行為的情形。許多精神醫學家分析，孩子的不良行為其實是為了吸引父母的關心。講到這裡，做父母的開始困惑了：孩子亂丟東西、大吼大叫、不聽話，居然是為了引起我的注意？當孩子不乖的時候，罵他、教訓他都來不及了，別說是關心他了，怎麼會是為了獲得我的關注呢？這只會讓人更生氣啊，怎麼可能會開心？

有人主張管教不聽話的孩子最好的方式就是「不理他」。碰到愛吵鬧、尖叫的孩子，就算你罵他、處罰他，通常也改變不了他的行為。但是當你不去理他，看都不看他，起初他可能會變本加厲大吵大鬧，但反覆幾遍之後，這個現象就會減緩下來。雖然根據孩子的年紀和特質不同，可能有不同的結果，但根據理論，當父母不理睬孩子的不良舉動，讓他知道無法獲得實質利益時，他就會採取其他的方式。

孩子當然最喜歡被稱讚了，但如果一定得在被罵和被忽視擇其一時，大部分的孩子寧願選擇被罵。因為「負面的關心也是一種關心」，孩子認為「被罵的確不開心，但是比起被忽略，我寧願被罵。媽媽會罵我，不就代表至少她還關心我嗎？」由此可見渴望被肯定的本能是多麼深地影響著我們。當然，能被稱讚是最好的，但萬一父母找不到孩子值得稱讚之處，或本身就吝於讚美孩子，孩子就會陷入「不良舉止↓被注意↓不良舉止變本加厲」的惡性循環。

愛，是最溫暖的肯定

這是一個依戀的時代。談到養兒育女，幾乎不能不提到情感依戀。想要維持與所愛的人的親密關係是自然本能。這種本能不只存在於人類，動物也有依戀本能，因此動物一出生，母親會對孩子產生銘印作用（imprinting），孩子則會跟隨著母親。起初這種行為僅為了生存，孩子覺得母親能養活自己，所以一定要緊緊跟在母親身旁。漸漸地孩子發現跟隨母親已經不只是為了解決吃喝拉撒睡，他喜歡待在母親身邊的感覺，喜歡被母親抱著、被逗笑。孩子像口香糖緊緊黏在母親身邊，不再是為了生存，而是因為母親可以帶給他安心，可見活著並不只是為了求溫飽。曾有研究人員用冰冷的鐵絲以及溫暖的布料分別做了兩隻假猴子，並觀察猴寶寶會選擇哪一隻，結果發現猴寶寶居然選擇了布娃娃。唯有令人安心的情感依戀才是孩子被父母肯定的理想狀態。世界上還有什麼比母親的懷抱更溫暖呢？

孩子漸漸發現除了吃跟睡之外，他更喜歡被愛的感覺。比起好喝的牛奶、甜美的夢鄉，他更喜歡母親露出燦爛的笑容抱著他。孩子愛上被愛的感覺了。當他稍微長大之後，他相信「媽媽一定會愛我，她隨時隨地都會保護我」，並且帶著母親的愛到外面的世界冒險。雖然外頭的世界精采有趣，但第一次離開家裡難免會感到恐懼。要是心中有母親告訴你「儘管去冒險吧！媽媽不是一直在保護你嗎？膽怯害怕的時候再回來就好，媽媽隨時都會在這裡安慰你、給你抱抱」呢？母親的溫暖內化在你的心裡，你一想到不論在何處母親都一定會保護你的時候，安全感油然而生。

由此可見，**渴望被肯定和關懷是一種本能。本能是無法解釋的，而且必須不斷被滿足。**我們從出生以來就不停地追求愛和肯定。被愛不只關乎感受，如果說渴望被愛是本能，那麼唯有被愛，人才能生存下去。就如我們渴望父母親的愛，我們一樣會渴望他人肯定我們、愛我們。這就是對愛上癮了。

襁褓和叢林之間

從事專業技術類工作的A因工作繁忙常常晚歸，最近還因為外遇問題和妻子鬧得不可開交。A有兩個就讀小學的兒子，大兒子每每勇奪全校第一名寶座，是個從不讓父母操心的聰明孩子；反觀小兒子卻個性急躁易怒，還有注意力不足過動症（ADHD）。A最近收到通知，原來小兒子在學校欺負同學，還對同學動粗。A不敢相信為什麼兩個孩子的個性如此天差地別，一想到小兒子的不良行為就覺得惱怒。他雖然盡可能逃避夫妻問題，但當孩子出問題時，卻沒辦法視而不見。

愛是什麼？可以吃嗎？

曾有個長期處於憂鬱狀態的患者告訴我，他跳脫不了覺得周遭一切都只是與他擦身而過的想法，覺得自己像是個異邦人。他說自己並沒有什麼特別的壓力。經過諮商後發現，他可能是個內心深處非常寂寞孤獨的人，但也不是因為曾經被背叛而受傷。我問他：「請問您是否曾經認為不需要特別開口說，對方也會懂你？是否曾經有那麼一個人，不需要什麼條件他就能理解你，只要待在他的身邊就感到安心？」他回答從來沒有過，還反問我：「怎麼可能有人會有這種經驗？我不懂。」

通常被醫師問到這個問題時，人們最先想到的是自己的父母。只要曾經被無條件愛過、關懷過，人就會認為這個世界上一定會有人愛我、肯定我，並且懷抱著這個信念去看待他人。我們秉持著這股信念去交朋友，且相信朋友會像父母一樣不僅能包容我的缺點與過錯，還會喜歡我。因為我們相信其他人跟父母一樣溫柔體貼，所以與人相處時並不會產生不安全感。相反地，**當一個人缺乏「無條件被愛與肯定」的經驗**

時，就沒辦法產生這種安全感。前述的患者在小時候曾經歷過父母不在身邊的時光，即使父母在身邊，也幾乎沒有扮演好應該的角色。給予子女充分的愛是需要相當大的精力的，要是父母本身就精力不足，或者精力都耗費在其他問題上，就沒辦法給與子女足夠的關愛。夫妻關係不睦、父母因生理或經濟壓力導致情緒低潮或不安時，也不能給予子女所需求的愛。平常父母的關愛就好比磚瓦，唯有一磚一瓦穩固地堆砌好，才能蓋出房子；父母精力消耗時，子女自然得不到足夠的磚瓦了。

總的來說，在穩定的教養環境長大的孩子，不需要特別花心思去引起父母的關心；但在不穩定的環境下長大的孩子，卻會不斷嘗試去做引人注意的舉動。重點就在於孩子是否擁有全然被愛、被接受的經驗，且這項經驗將會對孩子的人際關係產生莫大的影響。當孩子相信「對方能夠接納我原來的樣子」，他就不會過度在意周遭的狀況，並且懂得好好站穩自己的腳步。

王子和咕嚕的差異

目標征服聖母峰的登山客在遇到天候不佳、體力不支等問題時，就會回到基地營，直到身體狀況恢復後才繼續攻頂。對人而言，基地營就像是一種信念，相信某人會無條件愛我。縱使我會對他發脾氣、因為他不理解我而憤怒，但只要存在基本的信念，它就不會輕易被動搖。

還有一件事要記得，**所謂無條件的肯定和愛，必須是當事人自己感受到才算。**不管父母再怎麼誇口自己多麼毫無保留地犧牲、付出，子女不能感同身受也是枉然。另外，幼時未能從父母身上獲得肯定，也不表示會一輩子處於缺乏愛的狀態。別忘了人生中有這麼多親戚、朋友、同事、師長可以支持我們。而我們也必須接受每個人的起點不同。若把它比喻成紮營，假設「懂得信任他人與肯定自己」的基地營必須蓋在海拔兩千公尺處，有些人可以輕鬆搭車到一千公尺的地方下車走路，有些人則必須從地面一步步跋涉長達兩千公尺。

飢餓感並不是回到家才有，出了門就消失。人類的本能隨時隨地都會產生。到學校上課的時候，我們也渴望被肯定。為了獲得同學好感，我們會盡其所能地要帥、表現得活潑開朗；為了被老師注意，我們可能會努力考好成績、擔任班級幹部表現自己的領導力。為了吸引異性的目光，我們會花心思打扮自己。有誰能發誓讀書、交朋友純粹只是為了自己、為了光明的未來？在學生時期，有哪些事情不是為了獲得父母師長的稱讚和關心，以及朋友的肯定呢？其實到了青春期，孩子會更渴望獲得同儕或他人的肯定，甚於對父母關愛的渴望。對這個時期的孩子而言，沒有嘗過的總是比較美味。我們不是常常看到孩子被父母責備後，就跟朋友一起用電話或簡訊批評爸媽、互相安慰嗎？

當人離開家庭後，便展開了對自我信念的挑戰：「爸媽說我很重要，我真的那麼好嗎？別人又是怎麼看我的呢？」找到能支持信念的證據時，我們欣喜；當事實與信念相衝突時，我們心慌。我們發現許多反證，例如「我書也讀不好，長得又醜，朋友都不喜歡我。這不符合我值得被愛的說法」，有時候反證的力道過大，甚至會動搖我們從前已建立好對自己的信念。我們害怕知道原來自以為風度翩翩的王子，其實是個醜陋的「咕嚕」。這個過程到了大學、當兵都還會持續進行。我們無法不被他人的看法影響。只有繼續當個王子或公主，並且尋找賴以支持的證據，我們才能心安。

自尊就是力量

B是個外表俊秀、工作幹練而備受肯定的三十出頭單身漢。然而令人意外的是，他不但不會談戀愛，也對婚姻感到恐懼。諮商的過程中我察覺他之所以害怕戀愛和婚姻，是因為他相信只要跟人交往久了，對方就會知道他不為人知的缺點且討厭他。因此他每次談戀愛總是趁對方討厭他之前就先把她甩掉。對B有好感的異性不少，但這個問題還是沒有獲得解決。我問他自認有哪些不可告人的缺點，他說：「有點抽象，很難具體說明。」

人為謙遜而拋棄自尊

時常被肯定，以及相信自己值得被肯定，是打造「自尊」的基石。自尊就是尊重自己、愛自己。自尊是書店和圖書館裡最常見的內容類型，也是父母最常討論的話題；它是自我提升最重要的課題，也是子女教育中備受矚目的焦點。我們可以找到豐富的資源學習如何「培養孩子的自尊」，但卻很少看到探討成年人自尊的文章或書籍。自尊是形塑自我的基石，也是保護自我的城牆，對於被外在壓力團團包圍的成年人而言，更不可輕忽自尊的重要。

觀察周遭，你會驚訝地發現許多人看起來一表人才、能力出眾，但是自尊心卻很低，過得很辛苦。這些人在別人眼裡明明擁有相當好的條件，到底是欠缺了什麼，讓他們貶低自己呢？其原因不容易發現，有可能是個人過去經驗導致，也可能是現在的環境壓力造成的。重點是即使被稱讚、羨慕、鼓勵，他們也不願意肯定自己的價值。被人讚賞或稱羨時，他們會否定地告訴自己「這怎麼可能」？由此可見兒童成長期的自尊形成是何等重要。另外，人似乎是進入了弱肉強食的社會後，才因為自尊心不夠高而感到痛苦。自尊心就像是一面盾牌，當敵人展開猛烈攻擊的時候，這面盾牌才更能彰顯功用。不只是求學時期，出了社會、養育子女等備感壓力的成年期，這面盾牌便更能發揮它的效用。

成年人似乎不特別去思考自尊心這個問題，大部分的人認為這不是畢業的時候就該思考過了嗎？「我值不值得被愛？」是個太過抽象也令人彆扭的問題。大人都忙著思考具體、事實的問題，而不是抽象問題。我們總是煩惱著「這份報告要怎麼寫？」「下個月怎麼繳孩子的學費？」等現實狀況。倘若你跟別人說「我最近在苦惱該怎麼提高自己的自尊心」，你可能會得到「你日子過得可真爽啊」「你以為你是哲學家喔」等令人失望的反應。眼前需要面對的現實問題已經夠令人傷腦筋了，忙著打破這道厚實難摧的牆，哪還有空去探索自尊心的問題。對現今的大人而言，自尊心被視為早已既定、無法扭轉的事實。

除此之外，在大人的世界中，自尊有時也被認為是「莫名自信」或「傲慢自大」。許多人擔憂的地方就在這裡，因為沒有人希望被看成自大狂妄、傲慢無禮的人。不管是對藝人還是上班族，這個社會把「謙遜」視為美德，人們無不要求自己放低姿態。我們認為與其不必要地張揚自己，還不如謙卑為懷。在儒家思想社會中，謙遜是至上美德。在職場上，「我乃最卑微之人」被當作最高的品德胸懷，許多保守人士批評「現在的年輕人真沒教養、忘本」也是出自於這樣的背景。年輕人提出「我不這麼認為」「我想這樣做」，就被貶低為新世代的傲慢。當環境處於這樣的氛圍時，懂得放低姿態、盡量不發表個人意見的人就會變成有能力、受人愛戴的人。

然而，我們既不是孔子，也不是孟子，要做到無上謙卑實在太難了。要是得學古時候讀書人那樣潔身自愛，過著聖賢般的生活，恐怕不久就會積鬱成疾了。你是否不敢主張自己的看法，錯的也不敢說出來，每天戰戰兢兢的呢？我們凡事都要求自己放低身段，最後卻真的變成了微不足道的人了。**不管別人怎麼稱讚你，一旦你否認了，它就成了不存在的事實。**我們的人生並不是靠別人打造，對吧？為了培養謙遜的美德，卻讓自己逐漸變得不起眼，這不就是現代上班族自尊心的寫照嗎？

乾脆當個自戀狂吧！

太過或不及都不好，自尊心很難找到恰如其分的標準。如何維持適當程度的自尊心，並且成為待人謙虛、親和，又足以抵擋他人過度攻擊和批評的人，可說是現代上班族必須面對的課題。不過自尊心真的有所謂的標準嗎？

假設現在有一顆水嫩嫩的水蜜桃出現在你面前，那鮮紅色的光澤和香甜的味道讓你陶醉。咬一口就流出水湯般的鮮果汁，是令人無法抵擋的舌尖饗宴。然而如果你忘情地這也咬一口、那也咬一口，下場可不得了了。因為你會咬到一顆硬邦邦的水蜜桃籽。水蜜桃裡有一顆堅硬的種子藏在中間，好像在跟你說「我的身體給你吃，但總不能連籽都獻給你吧？」很多人大快朵頤沒留意，咬中了籽而傷了牙。水蜜桃外表看起來香香甜甜又好吃，但裡頭卻有個任何人都無法侵犯的硬種子。水蜜桃的果肉如果代表了謙遜和社交能力，那麼堅硬的種子可以說是任何人都不可入侵的個人領域、被自尊心保護的個人中心。理想的上班族必須像水蜜桃一樣，軟硬兼備。

我相信一定有讀者會問「保護水果的應該是皮，不是籽吧？」然而因為我們的自尊心是深藏在自己體內給予支持的力量，也是人的中心支柱，所以它更適合比喻成種子而不是果皮。反而是學歷、社會地位、名聲、評價才更接近果皮的概念。果皮很容易被剝開，我們不能倚賴薄薄一層皮來保護自己。就算被對方吃了，也不能被連皮帶骨吞下去，這靠的就是我的種子、我的自尊心、相信自己有價值的信念。

相信很多人都聽過「自戀狂」（narcissist）這個字，它源自於希臘神話中愛上自己水中倒影的美少年納西斯（Narcissus），意思是過度自戀、不顧他人眼光且自我感覺良好的人。這種人很容易成為職場上的「顧人怨」。不過精神分析學所指的自戀狂其實內心多是自卑和自我貶低的。他們為了層層保護自己，穿戴上厚實的鐵甲，甚至手持堅不可摧的盾牌。或許可以用核桃來形容他們吧？核桃有著硬到需要拿鉗子敲開的果殼，裡頭是幾瓣柔軟的堅果仁。他們的外在就像是核桃般堅硬，絕不允許外人侵犯。

有時不免覺得生活在這個時代，有些自戀狂傾向或許比較好。其實我們比想像中更缺乏嚴密抵禦他人攻擊，以及致力加強自我防護的能力。自戀狂在乎的不是別人怎麼看自己，而是使出渾身解數全力保護自己。**許多人出了社會，注意力都著眼於自己投射在他人心中的形象，卻沒有花心思努力照顧好自己。**當我們被攻擊，受了傷，身心俱疲的時候，我們的心思還是不會回歸自己身上，仍舊把所有精力集中在他人怎麼看自己，即使已經瀕臨崩潰也不自知。

與其這樣痛苦過日子，還不如乾脆像顆核桃般活著，至少自己過得自在輕鬆。雖然我們應該努力變成水蜜桃，但若真的做不成，乾脆就當顆核桃吧！我個人倒是很希望有一天可以大張旗鼓地舉辦一場「全國人民自戀狂養成運動」。

以自我為中心的勇氣

自尊，讓你做自己的主人

前面已提到最理想的自尊心就是成為外表柔軟、內心堅韌的人，而現在我們得把注意力放在如何打造出堅硬的水蜜桃籽。雖然栽培出柔軟又香甜的果肉也很重要，但最關鍵的還是種子。相信一定有人抱怨「我的種子本來就軟趴趴的」「我本來就沒有籽」，哀嘆先天不良或責怪父母從小沒有幫自己培養出足夠的自尊心。然而如果我們不斷哀怨天生注定的事實，執著於命運的擺佈，那麼又何必自我修養、自我開發呢？一定有方法可以讓軟種子靠後天努力變得硬邦邦。

若把「自尊」這個詞拆開依照漢字來解釋，就是「自我尊重」。在此我想把「自尊」的範圍擴大，將「尊」改成「存」（譯註：韓文漢字中，尊和存是同音異字。），意思同「存在」的「存」。此時「自我尊重」的意思就轉變成「自我存在」了。雖然異於原本的漢字標示，但我認為換字過後對我們產生了更重要的意義。所謂「自我存在」代表了「我存在，我正在呼吸，我活著」。這句話之所以重要，是因為在尊重自己之前，我們必須先意識到「自己」的存在。「講到某人，我會想到……」這就是該對象的存在感。不過說到底這還是「他人的存在感」，這裡想要探討的是「自己的存在感」（自存）。

我與病人諮商時常問道：「你一天的生活作息如何？」從一天的生活作息可以看出此人的生活方式，因此透過這個問題可略知病人的自由時間與工作量、運用時間的方式。試著在空白的紙上畫出自己一天的作息吧！就好像小學生在放學之前交的生活計畫表，你可以用一個大圓來畫出自己的一天作息。大部分的上班族被問到這個問題時，回答皆大同小異。起床、吃飯、上班、工作、下班、吃飯、洗澡、睡覺。家庭主婦也不外乎起床後送老公上班、送小孩上學、忙著做不完的家事、煮飯給老公吃、哄小孩睡覺、收拾整理，接著一天就這麼結束了。

多數人都過著如此忙碌的生活，我並不認為這樣的生活有何不妥。但是我們必須思考的是，**在這一天的作息中，我們是否花時間審視自己、照顧好自己呢？**換句話說，**是否花時間思考「自存」這件事？**工作有辛苦之處，也有快樂之處。有忙碌的時刻，也有閒暇之餘。在崗位上有時能夠專注做事，但偶爾也會有精神渙散的時候。幸運地買到好吃的午餐而開心，也有可能買到又貴又難吃的東西而生氣。能夠感受到這種快樂、痛苦、忙碌、悠閒的人，不是別人，正是「我自己」。「自存」就是能夠了解自己抱持著什麼想法過日子，以及在各個瞬間有什麼樣的感受。然而我們太過於在意他人的眼光，只想著開啟雷達去偵測他人的想法，卻絲毫不關心自己真正的想法和感受。

當我問來談者：「最近心情如何？」大部分的反應是「不知道」或「沒有特別的感覺」。若問：「最近在想些什麼？」很多人會說「沒有特別想什麼」。沒有感覺、沒有想法並不代表過得平順。臨床上診斷為憂鬱症的患者中，大部分不認為自己處於憂鬱的狀態，而背著龐大壓力的上班族也很少意識到自己在想些什麼。即使過得非常辛苦、痛苦，雷達範圍依舊不會橫跨到自己身上。上班時為他人傷神，回到家為家人操心。偶爾能躺在沙發上看個電視劇就覺得很開心。通常我們會說「那部電視劇很好看」，這是第三人稱，主詞是電視劇。反之，「我看了那部戲，覺得很有趣」主詞是第一人稱的「我」。通常大家只會討論電視劇好不好看，關注的主體在外，但是決定好不好看的關鍵其實是自己才對。

「我」應該是生活中喜怒哀樂的主角。因為我們從小生長在必須克制、壓抑情感的環境，似乎認為情感表達是不好的。然而**情感是自然而然產生的，怎麼可能壓抑得住呢？**即使克制得了情感「表達」，也不應該壓抑心中自然而生的感受，反而必須全然去感覺它。當你被上司責罵時，試著感受「原來我現在很生氣」；當你在海灘度假勝地感到心靈平靜時，試著想「我現在覺得很舒服」。這不是別人，而是「自己」真切感受到的。所謂的「冥想」就是這麼一回事。

重新檢視你的一天作息表，到底有沒有專屬於自己，不被任何人打擾的自我審視時間呢？審視並非一定是冥想的形式，即使是看電視劇、閱讀，甚至是打電動，也必須擁有感受自己存在的時間。用這段時間去了解開心、感動或平靜的人其實是「自己」。即使這樣必須犧牲二、三十分鐘的睡眠時間也絕對值得。

當世界少了我，就算是天堂也毫無意義

經歷各種被肯定的經驗後，我們的自尊心被形塑出來，它讓我們站得更穩，不被任何批評或攻擊影響。為此我們必須先理解並感受「我存在，我活著」，逐漸學會「**尊重自己**、**尊敬自己**」。為了提升自尊心，我們應該靜下來思考自己最近的想法、感興趣的事情、在煩惱些什麼。我們應該把向外延伸的雷達扳回來偵測自己的內在。雖然喜歡和同事一起愉快地用餐，但偶爾獨自用餐、一邊想事情也很不賴。不過我們卻因為在意他人怎麼看自己，害怕「我這樣子，別人會怎麼想？」而不敢一個人吃飯。

在治療憂鬱症患者時，我常常建議病患「當個自私的人」「現在不是考量別人的時候」。許多人因為無法不去在意他人的眼光，而為家人、親戚或朋友堅守著自己不喜歡的人生抉擇。例如為了小孩而離不開暴力相向的配偶、為了家人而辭不了爛公司。有太多人只因為過於在乎別人的看法，而選擇不斷忍受著去做自己不喜歡的事情。我不是要大家立刻離婚或換工作，精神科醫師沒辦法為他人決定人生中重要的選

擇，我們的職責在於協助人們建立良好的心理狀態，在面對人生選擇時能夠客觀、不後悔地做出決定。很多人就算處於非常痛苦折磨的狀態，仍無法把自己放在首要考量。原因可能是他從來沒有想過可以這麼做，或是缺乏為自己著想並做決定的經驗；也有可能他曾想要如此，但基於現實阻礙而不得已只好壓抑自己的想法和需求。在韓國特有的精神疾病「火病」（譯註：火病是韓醫中特有的病名，被認為是受到壓抑的憂鬱與憤怒情感引起了生理上的不適，通常會出現沮喪、食慾不振、失眠等憂鬱症狀，同時還有呼吸困難、心悸、全身疼痛、胸悶等生理症狀。）不就是從犧牲自己、配合他人的媳婦文化底下形塑出來的嗎？如今不論在職場或家庭中，也出現越來越多的火病患者了。

世界是以我為中心運轉的。不，應該說「必須」以我為中心運轉才對。就算凡事要以家人為先、在職場上要保持低調，但絕不能因此遺忘了自己的存在。因為我存在，所以家人才存在、工作才存在。事實上即使這個世界少了我一個人，它還是照常運轉，我這個人存不存在似乎都無關緊要。既然我消失之後注定會被遺忘，何不為自己著想好好活一場？我不是要你立刻辭職去旅行之類的，而是要你不論在順境還是逆境中，都能以自己為中心、以自己的想法和感受為中心而活。**試著在不喜歡的時候大**

方地說不喜歡，中餐想吃什麼就勇敢地提議出來，**有什麼意見就大膽地說「我有個想法」**。嘗試一個人用餐、到咖啡廳看看書、晚上在家附近散散步吧！去感受自己的想法和感覺！這就是所謂的自存。

伽利略曾說世界並非以「我們」為中心運轉，而是以「太陽」為中心、以「他人」為中心轉動。然而在現在這個時代，相信太陽繞著我們轉動或許反而更好。去相信世界是以地球為中心、以我為中心轉動，就算我不夠體貼、稍微自私一點也不會怎樣。終究誰以誰為中心運轉，有那麼重要嗎？我們不需要百分之百相信客觀的科學，只要這個信念能夠保護我、使我安心，那就是屬於我的科學。要是我不存在了，即使世界變成太平盛世也沒有意義了。一個沒有我的世界即使是天堂也毫無意義。

下一章將探討有關批評的課題。面對批評這個敵人，我們必須把自尊的概念作為基地，設置牢靠的陣地。只要陣地夠牢靠，我們就有力量戰勝任何的批評。我們沒辦法隨心所欲地操控敵人，所以唯一能做的就是默默搭建一個堅固的陣地而已。想要成功應對對方的攻擊，我們必須把陣地蓋得更牢固，同時也要掌握敵情，了解對方是不是可能擊敗的對手？是挾著理由攻進來？還是毫無原因可循？他們持有什麼武器？參透敵情是非常重要的。

即使水蜜桃有著香甜滋味與水嫩口感以滿足我們的味蕾，裡頭也有著絕對不容侵犯的聖域——種子。可以說是任何人都無法入侵的堅固領域，我們的自尊心不就該如此嗎？

Chapter 02

沒人躲得過他人批評

我們並不完美，所以會批評他人；
他人也不完美，所以會批評我們。

愛批評的人們

B是個木訥寡言的新進員工，交付給他的工作都能獲得妥善處理，但在人際相處上卻常遇到困難。部門同事大部分比B年長，他擔心刻意擠進同事聊天的圈子會招來不好的印象，所以不敢主動接近他們。跟前輩一起用餐時也常常沒話聊。同事們好心建議他更積極主動一點，但B卻認為「他們勸我是因為不喜歡我」「他們討厭我膽小畏縮的個性」而漸漸地疏遠同事。現在B已經嚴重到只要有人跟他搭話就會被嚇到，也因為害怕面對人群而不敢去上班了。

批評累積越久，負面的信念就越深

某人的父母非常嚴格。他們生怕稱讚會讓孩子變得驕傲自滿，因此幾乎從不開口讚美孩子。就算他考試考得好，父母也警告他不能掉以輕心，認為孩子表現好是理所當然。反之只要他稍微犯錯，父母就會嚴厲到幾乎把孩子罵哭。他變得很不習慣聽到別人的稱讚，反而在被罵、被凶的時候才覺得安心。他不相信別人的讚美和鼓勵，認為自己應該要被批評才對。工作上意志消沉的人其實有些曾在學校被同學排擠。還有許多研究結果都發現，曾經遭受排擠的人相信自己是被大家討厭的。

職場上充滿形形色色的人，可以說是一個小型社會。裡頭的成員都有各自獨特的背景，也就是各自不同的歷史。比方說在什麼樣的父母撫養下長大、度過什麼樣的學生時期、大學或軍中生活過得如何、之前的工作表現如何等等。這些歷史不會因為時間過去而失去意義，而會像紋身一樣留在身上，影響著我們。什麼時候覺得幸福？什麼時候感到威脅？因誰而失望？為誰痛苦？這些經驗都會原封不動地被我們帶到目前的工作場域。這就好像國家代表隊會帶著資格賽紀錄前進淘汰賽一樣。在**現在的人際關係中，個人過去的歷史會原原本本反映在你看他人的方式上。**如果你心中的玻璃紙是紅色的，世界就呈現紅色；玻璃紙是藍色的話，你看到的也會是藍色。如果一個人過去曾懂得信賴與依戀他人，他在目前的工作上也能夠信任人、依賴人；但如果他過去曾被傷害和批評，就算別人的言語或態度是中立的，也會被他解讀成帶有敵意的，最後周遭都變成了敵人，自己也陷入了四面楚歌的窘境。

與受批評所困的來談者諮商的過程中，其中一項醫師必須注意的問題就是「是否客觀看待批評的情況」。醫師能體會來談者的痛苦和折磨，但更重要的是從旁觀者的角度來看，對象所認為的批評是否真的可稱得上批評？還是因為他的有色眼鏡把原本不是批評的事情當成了批評？醫師不管在什麼狀況下都應該建立同理心和支持，但了解來談者判斷事情的成見程度也極為重要。有色眼鏡很有可能會是醫師與來談者之後談論的重要主題。當然，批評的客觀性是不容易判斷的，醫師很多時候甚至還得借助來談者周遭的協助來加以判斷，通常他們的立場是「我們不是這個意思，是他誤會了。」

個人歷史的影響太深遠了，以至於就算找出問題想要矯正它，也很難有適度的改善。每個人的情況雖然不盡相同，但歷史往往像是揮之不去的妄想，緊緊抓著我們不放。在諮商過程中，我就像半個偵探一樣，探查來談者所認為的批評是否夠客觀。如果各方面推敲後發現這件事不是批評，或者是把他人的鼓勵和關心誤解成批評的時候，就可以謹慎地向當事者提出問題所在，我會邏輯清楚地告訴他「綜合考量各種狀況之後，我認為您遭遇的事情並不全然是批評」。雖然來談者當下表示同意，但通常原本的信念是不會輕易改變的，「這分明是批評，別人可能有不同的見解，但我確定這就是批評」。就算來談者承認可能是自己的誤會，但下次又遇到相似的狀況時，他仍會毫不考慮地認為這就是批評，並且把之前諮商說過的內容都忘得一乾二淨。**當批評越常發生時，人對世界的看法就會越負面，成為惡性循環。**

當個人歷史根源越深植，就會對現在的自己帶來越大的影響。假設有兩個人，一個是從很小的時候就時常被忽略、被責備，另一個則是一直以來都維持著互相信賴的人際關係，只有在前一份工作中遇到人際問題，那麼前者的問題一定比後者更難解決。重新仔細檢討並改正悠久的歷史是一條很長又難走的路。相反地，被批評的歷史越短，就可以越輕鬆地面對問題，也比較能靠自己的力量客觀思考。**如果你現在因為被批評而難過，一定要想想看自己的「批評感受性」是不是太敏銳了？**

一旦害怕被批評，
即使是不足掛心的閒言閒語，
你也會急於躲避和防禦。
然而你對他人批評的判斷是正確的嗎？
難道不是因為害怕而先採取行動嗎？

這真的是批評嗎？

思考個人過去經驗的同時，也必須評估自己對批評的反應。舉例來說，假如某位同事勸你要更積極一點，而你當下認為這句話是對你的批評。但等你喘口氣、靜下心之後，請再重新回想一下當時的情況。當下同事的語氣和表情、當時的狀況和周遭人的反應，以及你自己的感受……過去是否曾有過類似的經驗呢？以前和現在的經驗有哪裡相似？又有哪裡不同？是否曾經以為是批評，其實卻是誤會一場？有什麼證據可以證明它不是批評呢？如果沒辦法在腦中整理，你也可以整理在一張大張的白紙上，因為書寫更有助於回想和整理當時的情況。假如你已經嘗試過各種方法依舊無法整理思緒，請周遭朋友幫忙也是個不錯的方法。有個能安心分享煩惱的對象，還怕得不到適合的協助嗎？你可以問「我遇到了這樣的狀況，如果是你，你會怎麼想？」你不需要感到害羞或丟臉。了解他人在相同狀況下會有什麼感受是很重要的。有**可能你聽起來像批評，但別人聽起來卻不是這麼一回事。透過反覆確認的過程，也有助於了解自己的批評感受性有多高。**

有些人可能會質疑「不覺得這個方法是過度保護自己嗎？」「這樣不是把批評看得太無所謂了嗎？」那我們反推回來，第一、自我保護是人的本能。人看到蟲子飛來，身體會不自覺蜷縮，同樣地當我們被攻擊時，基於生存本能，很自然會否認眼前的狀況「這可能不是攻擊」，因為沒有人喜歡被批評和攻擊。「這不是我的責任，是環境害的，是那些不願意幫我的人害的」，大家不都是這樣來自我保護的嗎？我們求生存的需求本來就在責任感或道德感之上。這個方法並非過度自我保護，而是很自然的本能行動。第二、並不是無條件不當批評一回事，而是必須正確地了解和接受批評的真實性。我不是要你明知是批評卻告訴自己「沒關係，這也沒什麼，忘了它吧！」而是一定要懂得察覺自己是否把事情誤判成批評，進而改正；如果很明顯是批評，就要找出解決的方法。知己知彼，百戰百勝，我們一定要徹底掌握敵情。我希望的是你能夠正確掌握敵人的假象和真面目，而**不是要你對存在的敵人視而不見。**

假設你已經考量過自己的批評感受性，也請教過身邊的人，做過最客觀的評估，仍認定對方百分之百在批評你。好的，那麼接下來要探討的問題就是，對方為什麼會這麼討厭你了。

沒有人是萬人迷

C在公司擔任組長，個性活潑、充滿自信，無論走到哪都受歡迎。公司聚會時他總能炒熱氣氛，平時深受女同事喜愛，無疑是所謂的「high咖」角色。也因此大家都說要是C不在，聚會就變得索然無味。然而C的上司P經理則是個內向寡言的人，他認為C平時沒大沒小、油嘴滑舌，就是看他不順眼。他常常沒事找C的麻煩，而C也明白P經理不喜歡他。C原本對自己的個性充滿自信，但沒想到這樣的他對上司而言反而是扣分的，令他最近相當苦惱。後來C組長來到了診所，希望可以「改變個性」。

完美的人就不會被批評嗎？

我們每個人都希望成為完美的人。就算沒辦法達到幾近完美的境界，也會希望把事情樣樣都做好，這是人之常情。我們希望自己聰明又幽默、工作能力出眾、運動細胞好、身材棒、臉蛋漂亮。或許有些人會說自己夢想中的對象「不需要太過完美，稍微有點缺點的人比較好，這樣才會想要照顧他嘛！」但是沒有人會希望自己是那個有缺點的人。我們之所以會不斷尋求自我提升、學習語言、閱讀、忍受運動的疲勞在健身房揮汗，都是因為夢想達到完美的境界。

然而話說回來，我們無法確定這個世界上是否有所謂完美的人。因為完美的標準是相對性的，**我認為的完美對於別人而言可能是個缺點**。就算是偉人傳記，真的有人認為書中所有偉人百分之百都是完美的人嗎？同樣的人對A而言是清高的讀書人，但對B而言卻是個沒有讓步空間的死腦筋。C覺得這個人仁愛寬厚、肝膽相照，但D可能覺得他是個只在乎外人卻不顧親人的爛人。**一個人的特質會因為對象的不同以及觀**

點的不同，而可能被當作缺點或優點。

身心科常透過綜合心理測驗（Full Psychological Test）來評估來談者的狀況。相信有些人曾經在公司的心理測驗等檢查中接觸過了。它綜合各種測驗，包括上百題客觀式問答、看圖描述自己的感受、在括弧裡填上自己認為的適切答案等。綜合評估多種測驗結果後，將獲得一份最終測驗報告，委託測試的醫療人員則透過這份測驗結果報告來了解患者的問題，並擬定治療計畫。心理測驗的結果絕不會出現類似「受測者這項很棒、那項很棒，每項都棒，太完美了」的評論。報告上非但不會寫「受測者非常完美」，它還會藉由各種測試結果，分析出受測者哪方面不足。就算一個人善於社交、待人彬彬有禮，分析結果也有可能出現「過分在意他人看法，做事總是察言觀色。結果顯示有較高的不安全感」。我也看過穩重木訥的人測驗出「傾向壓抑憤怒情緒」的結果。或許就算把耶穌、佛陀拉來做測驗，祂們也會被分析出負面的一面。如果你對這個測驗感到好奇，不妨去測試看看，不過前提是你能夠用寬容的心去接納自己負面的樣子。

如此追究下來，這個世界上幾乎沒有人可以被稱為完美。如果說開名車、背名牌包就是最完美的，大概會湧來無數的反對聲音，更何況是拿人的特質去論完美呢？就算你真的很完美，難道就能逃得了他人的嫉妒和批評嗎？想想看誰在你心目中最接近理想狀態呢？這個人各方面優秀傑出，想必有許多人渴望能變成他，但一定也有人就是嫉妒他，巴不得倒楣的事降臨在他身上。嫉妒並不是罪大惡極。心生妒恨不就是人類的自然本能嗎？你看歷史上這麼多偉人，他們身邊不都存在許多嫉妒他們、時時阻礙他們的防礙者嗎？

仔細分析後就能明白，我的優點對別人而言可能是缺點，有時候完美也可能落人口實。沒有人可以避得開外在對我們批評。相信很多人會覺得不平，到底自己身上是有多大的缺陷，難道就一定得被人批評嗎？雖然人都必須積極去了解、改進自己實際擁有的性格缺點，但也應該認清就算沒有致命缺點，畢竟這個世界上的人形形色色，**我們不可避免會遭受批評。批評就像是我們每天呼吸的空氣一樣無所不在**，我們身在各種不同人所聚集的環境中，就沒辦法不被批評。要知道，他人批評我們並不是單純在批評我們的性格。雖然我們為了不被批評而努力成為更完美的人，但其效果如何令人存疑。

周遭都只愛挖人弱點

前面已經提到每個人都有弱點。同樣的弱點對某些人而言可能無關緊要，但對某些人來說可能難以忍受。每個人對性格缺陷的感受都是不同的，有人特別討厭謹慎小心的個性，也有人對所謂輕率冒失極度反感。若我們身上有著特別令某人討厭的弱點，批評的聲音就會出現。如果這個人是上司，他可能會當面斥責我們；若是同事或後輩，可能會在背後到處散播我們的壞話。猛力攻擊弱點的行為就像是柔道或摔角比賽上，對手不斷攻擊我們受傷的部位。

有時我們會想盡辦法掩蓋自己的弱點，盡量展現出自己好的一面。例如上司認為我們能力不足時，我們會努力在他面前做出精采的提案報告；為了擺脫膽小內向的形象，我們會主動在公司聚會上炒熱氣氛。我們希望藉此讓對方改觀「原來他不像表面看起來那樣啊，過去是我誤會他了」。有時候這樣的努力是必要的，但是效果真的如預期嗎？許多上班族告訴我，即使費盡千辛萬苦，仍改變不了對方對自己的負面印象。當然也有少數人靠著不斷的努力和運氣，成功改變對方對自己的負面觀感，過著嶄新的生活，但這真的只占少數。通常招來的反而是「難得表現好一次，有什麼好得意的？」「唉唷，真是辛苦你了啊」，對方用冷嘲熱諷的口吻，貶低我們付出的努力。當努力被否定時，只會使我們更受挫，陷入進退維谷的深淵中。到最後我們在自己不喜歡、不情願，且違背個性的行為上不斷白白耗費精力。

你覺得很委屈，為什麼大家都用負面的眼光看你呢？為什麼要否定你的努力呢？面對這群可能打從心底就討厭你的人，你也越變越自卑了。但這時候你更是應該好好思考一下。起初對方可能只是看不慣你的某幾個特質，但時間久了，他不再只是討厭一部分，而是討厭你整個人，說不定還嚴重到看到你的臉就厭煩。你問他為什麼討厭你，他可能會說出幾個原因。但是真正的原因可能不是他客觀舉出的那幾個理由，而只是主觀上他就是討厭你。反觀我們自己也一定有不少類似的經驗。**每個人都曾經毫無理由地討厭一個人。**問起結婚多時但感情不睦的夫妻為什麼討厭彼此，得到的答案為對方性情惡劣、愛喝酒、衛生觀念差……但是再仔細問下去，才發現沒有特別原因，討厭就是討厭。光是看對方吃飯的樣子就心煩。通常我們喜歡誰、討厭誰，一開始都有原因，但時間久了就會轉變成「就是喜歡、就是討厭」的層次。這就是為什麼大部分的人都有幾個沒有理由就是喜歡和討厭的人了。對於一個沒有理由而討厭自己的人，不管你再怎麼示好，在他眼裡也是看了嫌惡。

有些人來診所希望醫師幫他改變個性，表示除了改變自己的個性之外已經別無他法。但不好意思，我們是醫師，不是魔術師。**人要改變別人的個性幾乎是不可能的**，就算真的能改，難道就能讓原本討厭你的人喜歡你嗎？每次遇到人見人愛的萬人迷為了討上司歡心而想要改變性格，都令我搖頭。我能理解他迫切的心情，但是為了贏得一人芳心而放棄一百個人的喜愛，用膝蓋想都覺得說不通。

其實我們自己也在背後說長道短

D組長最喜歡吃完中餐後邊喝咖啡邊與同事聊天，他爽朗活潑的個性總能帶動聊天氣氛，話題主要都圍繞在同部門主管或同事身上。然而他每次話題都收得不好，常常用批評的方式結尾，例如「他這種行為很差勁，對不對？」「他的問題點就出在這兒」。D某天赫然發覺和他聊天的同事表情都不太對勁，似乎擔心哪天要是自己不在場，D會不會在背後講他們的壞話。每次D意識到這個問題而悔不當初時，話都已經講出口了。而最近他也聽說曾經被他批評過的同事也在背後到處講他的壞話了。

每個人都會批評人，也被人批評

現在換我們變成加害者，來思考批評這件事吧！想想看那個你又恨又討厭，而且還曾在背後痛快批評過的人是誰。從某方面而言，大部分的人既是被害者，也同時是加害者。我相信一定有不被人批評也不批評別人的正人君子，但多數人都是自己在背後說長道短，同時也被別人暗地批評。前面也提到過，社會上的人形形色色，我們不可避免一定會遭受批評。被批評與批評別人都是再自然不過的事了。**批評說我壞話的人是人類的本能，畢竟任何人都不喜歡批評自己的人。**但在此我想討論的並不是針鋒相對式的批評，而是A批評B時，B卻也同時大剌剌地批評C。這種狀況跟遷怒不太一樣。因為B並不是因為被A批評後，一氣之下才去講C的壞話來洩憤。我們必須把A批評B、B批評C看成兩個獨立的事件才行。

實際上我們批評他人的方式大抵是這樣的：我之所以批評金組長，並不是因為朴經理責備我而把他當作出氣筒。相信你現在腦海裡浮現那位被你公然批評的人，一定不會是你被批評後的遷怒對象。而且如果我壓根兒不知道有人討厭我而在背後講我的壞話，那我也沒有理由生他的氣，也不需要去找一個遷怒用的出氣筒。由此可見我因為討厭而批評某人，和我被人批評通常是兩件不相干的事。因此從加害者的角度去思考批評這件事就格外有意義了。

所謂「有光就有影」，雖然也有少部分的人是純加害者或純被害者，但大抵上**我們都活在一個批評、被批評的世界。**若有人認為「我百分之百是純被害者！」那可能要再考慮一下了。我絕對不是要說「你自己也批評別人，所以你被批評也是自作自受」，而是若我們能站在加害者的角度去思考，將有助於了解別人是基於什麼心態而批評我們。多數人既被批評也批評別人，所以能將心比心，有助於問題的解決。

通常我們討厭一個人的理由都是很雞毛蒜皮的。相同地，某些不特定對象可能也是為了雞毛蒜皮的理由而討厭我們。我們也許因誤會而討厭某個人，同理，別人也可能因為一個小誤會而討厭我們。這也間接證實了一件事：**別人之所以討厭我們，不一定是因為我們有什麼致命性的缺點。**假設你覺得日子過得很辛苦，並且把這股怒氣發洩在A身上，B同理也可能會把克服不了個人困境的情緒投射給你。因此被批評時，不應該只向內尋找原因，這不但無法協助問題解決，還會傷害你的自尊心。我們必須了解批評者本身的問題所在，並且異地而處去思考加害者的立場，這將有助於解決批評的問題。

這種批評聽聽就好

因為我們不完美，所以逃脫不了被批評的命運。同樣地，因為我們不完美，所以也會批評別人。一個擁有完美無瑕人格的人，就算看某個人不順眼，也不會隨便批評或在背後論長短，而是自責自己的嫌惡之心，並且更努力提升修養境界。他會向內尋求厭惡他人的原因，修正自己的缺陷，盡力去喜歡上那個人。但是我們畢竟不是聖人，就算是精神科醫生也不可能做到這種程度的自省。一旦討厭，就討厭了。懂得自我反省為什麼討厭他人的人真的是少之又少。**我們並不完美，所以會批評他人，他人也不完美，所以會批評我們。**因此就算被批評，也不需要輕易受影響。我們不必百分

有光就有影，
我們每個人被批評的同時，
也在批評別人。
你不會是你以為的「單方面被害者」。

之百相信一個不完美的人所提出的批評，也不該因為對方說我們不好就真的認為自己不好。

只要是關心我們、愛我們的人，至少不會用批評的方式來折磨我們。當我們有缺點時，他們不會忘記用婉轉的方式指正我們；需要我們的協助時，他們會謹慎地提出需求；在我們看起來灰心沮喪的時候，他們會給予溫暖的鼓勵。批評會帶給人什麼影響？它會使你發怒、絕望、感到孤立，嚴重時甚至讓你覺得自己是個沒出息、無能的人。有誰會捨得這樣傷害自己所愛的人呢？如果有人讓你產生如此淒慘的感受，就表示他對你欠缺關懷和將心比心。請不要受不尊重我們、不愛我們的人所講的尖酸話語影響，更不要照單全收。因為**越是不懂得尊重別人的人，越不會對你說出正面的話，反而只想要批評你。**尊重與愛子女的父母會留意在表達自己的想法時不去傷害到子女的心，因為對方的痛就是自己的痛。

同理，當我們批評自己所關心、尊重的人，也會努力降低批評的強度，盡可能婉轉地表達。要是一個人懂得考量並尊重你的立場和處境，沒有道理會批評你或在背後說壞話。他反而會擔心被批評者的處境，和你一起找出解決的方法，試圖安慰你。或許那些批評你的人不懂得做到這點，但肯定也不是尊重你的人。因為他根本不考慮到你會受傷，所以才會用批評來取代忠告。那麼你又何必理會不尊重你的人所提出的批評呢？發自內心的忠告和批評是完全截然不同的。我相信不會有人把「你真是沒教養」「你能力不足」視為出自真心的建議的。

對我們沒有好感或是討厭我們的人，並不能證明他的人格不成熟。但面對一個絲毫不在乎我們而亂批評的人，我們卻因此而覺得自己沒用、無能，不是很矛盾嗎？相信真正愛我們、尊重我們的人所說的話吧！至少他們不會隨便批評。

如何不受批評影響

進公司三年的J最近常常跟同事去喝酒。喝酒不是為了同歡，而是為了解悶。原來其他小組的同事公然到處批評J，讓他很受傷。雖然其中有部分誤會和訛傳，但他實在不知該如何處理這種狀況。同事勸他不用在意那些流言蜚語，何必為了無聊的話傷神。要是J也是旁觀者的話，應該也會這麼勸自己，但現在他是當事者，很難不去在意這件事。每每有幾分醉意時，他就下定決心「以後絕對不去在意別人胡亂批評」，但往往第二天清醒後，昨日的煩惱又原封不動地跑了回來，痛苦的一天又開始了。

苦口的藥傷身

從以前就有許多先知者和知識分子不斷告誡我們要感謝並接納他人的建議和指責，只會稱讚和甜言蜜語的人不是真正的朋友。他們認為結交忠言奉勸的朋友是非常重要的，在自我修養的路途上必須有人指出我們自己察覺不到的缺點。人生就是一場不斷自我磨練與修正的過程。此話隱約地要求我們要對批評者抱持著「謝謝你提出的建議，我會再繼續加油」的態度。這話說得對，但實際上實踐起來會有多困難？我很懷疑有多少人能做到對批評者懷抱感恩的心，把它當作是要指引我們走向正確的道路、讓我們成長？

感謝對方的批評是有前提條件的。前面已經提到，我們該接納的不是「批評」，而應該是「發自內心的忠告」，或者至少為「客觀批評」。實際上就算是真正關心我們的人講了句「你這樣不行」，通常也會感到刺耳，心情變糟。當我們遭受所謂的指責時，在情感上我們並不在乎對方是否出自於真正的關心而提出忠告。基於本能，我們一定會閃過「你有多了不起，竟敢批評我？」的念頭。大家都認為擁有不吝指正我們缺點的朋友是很幸運的，但實際上卻很少有人認為這種朋友忠言不逆耳。就算真的有這樣的朋友，也很容易被當成愛嘮叨的人而遭排擠。站在建言者的立場，想必也會猶豫該不該提出令人聽了不開心的話。當朋友煩惱著要不要跟爛對象分手時，我們之所以不敢輕易勸分也是基於這種心態。連親友發自內心的忠告都難以使我們信服了，接受不在乎我們或討厭的對象提出的批評更是不可能的任務。不論是帶敵意的批評還是衷心的忠告，我們都必須先仔細聆聽這些負面言論。先不去探究這些話聽起來有多強烈、多難聽，也不要管對方究竟出自於何種情緒；而是**把焦點放在內容本身，從內容中判斷自己是否真的有做錯的地方？**對方要的是什麼？他希望我怎麼做？當我們接收到對方不好的對待時，最應該仔細觀察的就是事實本身。若把他人的批評比喻成地球，批評內容就是地球的核心，包覆在地核外圍的地函或地殼則是對方表達批評時的情緒、表達方式、顯露於外的敵意等額外的問題。通常我們生氣、激動的原因往往只是因為「遭受批評」這件事本身，為了地函與地殼等次要問題發怒，反而忽略了最重要的核心。我們應該盡量以最客觀的角度和平靜的心態，認真傾聽批評的內容才對。

我相信肯定批評的內容、接受它，並修正自己而獲得想要的成果是一定有機會發生的。可能當你了解自己過去未曾想過的問題並修正它，使自己變成一個更好的人，並且懂得「看事情的另一個角度」，在往後的人際相處上修正自己的缺點。最理想的結果是你接納了對方的批評，改變了自己，讓批評者心服並且支持你。但這只是所謂的「理想」狀況，無法保證實際可能性有多大。我們也不知道盲目地聽從討厭我們的人的忠告之後，對方會不會因此喜歡我們。電影或小說中可能存在以崇高人格化敵為友的英雄式情節，但現實與理想之間其實還是有著很大的差異。

虛心接受批評是很不容易的。我們很難把焦點放在批評內容本身，虛心接受批評又覺得心情複雜，即使接受批評，也無法保證不會再有人批評我們。因此我們只能期望不要有太多「勉強得接受」的忠告了。

不在意也是需要精力的

當別人被批評的時候，人們最常提出的勸告就是「別太在意」。這句話搞不好比「接受它」還更常被拿來規勸人。反正話已出口也收不回去了，更何況所有的批評一定有它不合理之處，何必完全受影響呢？但是仔細回想，那些勸我們「別在意、忘了它」的人，自己被批評時，他們果真做得到嗎？或許你可以把批評想成運氣不好，莫名其妙被路上的醉漢罵，但神奇的是，人的心理並不是這樣運作的。受不了長期批評而前來求診的人其實也早就試過各種「不去在意」的方法了。「早就試過了，就算再怎麼努力不去在意，還是做不到。」

被批評時，人都會有情緒反應。只要不是有被虐傾向的人，是不可能會出現正面情緒的。想像一下被批評之箭射中後可能的反應，腦中應該立刻會浮現出憤怒、激動、失望、挫折、心跳加速、全身發抖等感受。當我們滿腦都充斥著這些情緒的時候，怎麼可能不去在意這些感受呢？在生氣或情緒激動之前還不敢說，但當你心中已經燃起熊熊烈火，要你把全部的批評都不當一回事，就好比要一把火自動熄滅一樣困難。當對方已經用刺激的言語激怒你了，如果說「不要在意我說的話，我沒有什麼特別的意思」，你聽了果真能恢復平靜嗎？或許爽快地罵出來、動粗而事後後悔還更快讓你恢復平靜。人只要情緒激動，通常都會做出非理性、不合理的決定，更別說是不去在意對方的批評了。我們身邊不就有很多因為氣頭上而做出後悔的決定或行動嗎？

「合理化」是選擇忽略的變化型。被人誤會時，我們會合理化認為自己也有錯，對方批評我們也是無可厚非，並且安慰自己下次不要再發生類似的事情。通常在批評初期或單次性的批評時，我們容易有合理化的傾向。但要是合理化之下仍反覆遭受相同的批評，就會失去所有努力的動力了。當你試過各種合理化的方法仍遭受不明就裡的批評，便會放棄使用無效的防禦措施。

忽略批評是非常消耗能量的。這裡指的能量不是吃飯產生的營養能量，而是精神能量、心靈能量。

L因為承受不了他人批評而罹患了憂鬱症，在適當的諮商與治療後症狀已好轉，後來我與他聊過，他說目前仍受到相同的批評，不過他已經不像之前把話往心裡去了。我好奇地問是什麼原因讓他能夠不去在意從前曾放不下的批評，他說他也不明白為什麼，只告訴我他並沒有特別努力不去在意，也沒有自我催眠，但比以前更不會去在乎他人批評，因此現在生活上沒什麼太大的問題，他感到自在且愉快。

「不在意批評」絕對不是件易事。我們必須花無比的精神能量才有可能不去在意討厭對象做的壞事、說的壞話，以及激怒我們的言語。要做到不去在意批評，我們必須反覆地按捺住上竄的情緒，對刺激我們的事情視而不見，還要不斷地經歷合理化的過程。然而長期受批評所苦的人通常也處於精神能量缺乏的狀態。周遭持續不斷的攻擊已經消耗我們的能量一次了，接著為了防禦又得再消耗第二次。憑著所剩無幾的能量，哪有可能做得到「不在意批評」這項浩大工程呢？好比沒油的車子要再繼續開，就得盡快加油，對於各方面能量不足的人，首要之務就是補充能量。假設執行「不在意批評」需要五十單位的能量，那麼只有二十單位能量就沒辦法啟動，至少要補充到七、八十單位才行。在治療患者時，用這種比喻方式也有助於提升患者接受治療的動機。

我們很難全然接納批評，但也很難全然忽視批評。為了幫助因批評而陷入煩惱的人，我們必須先體認到批評並不容易解決。比起提供對方沒有實際幫助的建議，只要能夠分攤、傾聽對方的痛苦，就足以令人感到欣慰了。

把焦點放在批評的內容本身，
從內容中判斷自己是否真的有做錯的地方。

我沒有想像中那麼脆弱

忍耐不是萬靈丹

了解了接納批評、忽略批評之後，還有一個值得探索的課題就是，我們在現實中如何看待批評，以及用什麼方式面對批評。人們如何看待批評？而我們又是如何處理批評的呢？

講到「批評」，大家通常認為它是「多少都會發生在我身上」的事。我們已知道批評是一個無法避免的問題，實際上許多人也把批評當作職場上的必經過程，是不得不做的通關儀式。人們認為遇到喜歡自己的上司固然最好，但遇到討厭自己、抹黑自己的上司也是無可奈何，畢竟出社會後本來就是這個樣子。**每個地方都有可能出現討厭我們的人**，狀況只差在這個人是不是跟我同個部門、是不是我的直屬上司而已。如果愛批評我的人就是我的直屬上司，那問題就嚴重了。真是倒楣透了。上班不跟他見面也不行，每天還得日復一日過著折磨人的日子，考量到生計問題又不能輕易離職。

聊到批評的話題時，通常會聽到「每個人都是這樣過日子的，不是只有你痛苦。就算真的是這樣，你又不能馬上離職，所以就忍耐一下吧」。我們安慰自己「只要我趕快升職爬上去，資歷和工作狀況都不用看人臉色的時候，狀況就會好轉了，所以先忍著吧！大家也都是默默忍受，然後才升到不用看人臉色的職位啊」。怕熱大可以離開廚房，但我們卻無法瀟灑地離開爛職場。離開後若只有自己餓肚子就算了，但我們還有所愛的家人不是嗎？「我還要養家活口，這一點點的情緒一定要忍住。我都已經是成熟的大人了，當然有本事通過這小小的試煉。我忍受得了！」於是我們鼓勵自己撐過每一天。

時代劇烈變化，就連軍中也開始出現階級弱化，並且轉變為更合理的制度。職場內的氣氛也有變化的趨勢，新鮮人比以前更懂得提出自我主張，更有自信。然而自我意識越強的人因為缺乏被批評的經驗，在職場上遭受批評時就更容易亂了方寸。反觀已經有心理準備「職場上免不了挨罵」的人，他們普遍都還適應得不錯。越認為自己被罵委屈，只會是自己吃虧；越在意別人的批評，最後只是自己滿身瘡痍。若能了解批評是不可避免的問題，也是理所當然的過程，並且好好忍耐，職場生活就越平順。即使你鼓起勇氣跟公然批評你的人表達你的痛苦，可想而知對方只會凶你「這點小事你就受傷了？你也太脆弱了吧？在我們那個年代就是這樣」。一個深植已久的潛規則就是職場上所謂「厲害」的人，除了必須是個擁有優秀工作能力的人才，他也必須要能忍受與防禦周遭的心理攻擊。

人們認為罹患憂鬱症或自殺就代表這個人太脆弱、太軟弱。為了扭轉人們對精神科的認知，政府就算做了再好的宣導、調整再多的政策，也難達到期望的效果。多數人到精神科求診之前，總是害怕「會不會被下標籤？」他們害怕被印上不正常、軟弱、無能的標籤。因此不管這麼做的後果如何，他們寧願自己負責去尋求方法，也不願依靠別人的幫助。他們怪罪自己太懦弱，所以才會被批評打敗、心情憂鬱。即便如此，這些人仍催眠自己有能力忍受所有問題，認為自己絕對不是一個軟弱的人，並且試圖忍受周圍所有的攻擊。沒有人願意去思考對方的攻擊有多強、有多麼不合理、隱約的影響性有多大，就只是憑藉著某種使命感一味容忍而已。

曾有一位來談者在職場上深受批評所苦，哭著對我說：「別人都可以忍，為什麼只有我這麼痛苦呢？為什麼我這麼沒用呢？」當時我不知道到底他真正無法承受的是外在的批評，還是自己的不足？不管答案是什麼都令人無比惋惜。

精神力量有助減壓

有些人受不了自己被批評卻束手無策，就會找事情讓自己忙起來。除了面對批評之外，為了紓解各種壓力，人們會找件事來忙以轉移注意力。現代人逐漸了解不該去「逃避」壓力，而是「紓解」它，因此也越來越多人會尋求各種紓壓的方法。近年來許多上班族即使再怎麼忙也不想加班，並盡可能避免在週末出勤。因為人們意識到自己的時間很重要。雖然還是有很多人不得已必須加班，但越來越多人已意識到加班和週末出勤已不再是上班族不可抗拒的使命了。

大部分的人認為運動、興趣或旅行之類的活動是好的，而飲酒是不好的。也有人主張飲酒無益於排解壓力，應該予以禁止。以飲酒來忘卻他人批評的痛苦，雖然有染上酗酒惡習的風險，但攝取適量的酒精反而有助於紓壓。若不是一個人在房間喝悶酒，而是和三五好朋友一邊喝酒，一邊乘著微醺的酒意宣洩對上司的憤怒，的確可以釋放平常無法表達的真實情緒。精神科稱這種抒發平常無法發洩的情感行為為情緒疏導效果（emotional ventilation），強烈釋放情緒的行為本身其實就有很大的治療效果。想想看，為什麼職場上這麼多禁酒宣導活動，公司聚餐還是這麼頻繁、人們還是要喝酒？這是因為在不過量飲酒的前提下，酒精確實是紓壓的方式之一。

積極投入某件事的確是主動面對批評的方法。忽略或忍耐主要靠的是大腦，是思考面的處理方式；而埋首於某件事讓自己忘卻煩惱，則是積極讓身體動起來的方式。既然再怎麼想破頭也不會有結論，只會讓自己心情更不好，還不如忙起來，停止胡思亂想。積極投入某事是許多人推薦也常用的方法。諮商時常有人問：「我該找什麼事做呢？有什麼事適合我呢？」這沒有正確答案，只要去做能使自己開心的事情就好了。

不過**請記得任何紓壓方式都需要耗費精力。**前面已說明過精神上的精力，同理，積極投入某件事同樣需要相當多的精力。當一個人已經把精力消耗在防禦攻擊上的時候，就沒有餘力再投入其他事情了。如果患者向醫師訴苦「我曾經想運動，但是每件事都讓我覺得煩，什麼事情都做不了」，而醫師卻責怪患者沒有責任心，那麼這位醫師並不是位好醫師。另外也要知道的是，不管再怎麼醉心於外部活動，回過頭來問題仍然存在，只是暫時被遺忘罷了。迴避與遺忘沒有用，問題還是會在原地等著你處理。重要的是就算問題不會自己消失，只要**面對問題的我們變得更堅強**，不論是什麼難題，它都一定不會像從前那般令人痛苦了。

你必須相信自己

P發現近幾個月同事們總在背後講他的壞話。這件事是某個交情好的同事告訴他的，P了解實情後，在人際相處上開始出現障礙，甚至連和同事一起吃中餐也會感到壓力。他對同事的疑心病越來越重，只要看到他們笑嘻嘻的樣子就覺得是在取笑他，同事竊竊私語的時候也會擔心是不是在講他的壞話。如今除了他認識的人之外，他也會懷疑不認識的人是否同樣在私下批評他，導致他再也不願踏出家門一步。

長期批評使人憂鬱，並感到無能為力

一朝被蛇咬，十年怕草繩。曾經被白狗咬的人，日後看到小白兔也會怕。人長期被批評時，即使對方跟自己沒什麼交集，或是對自己不感興趣，也很容易把他們視為敵人。更嚴重的狀況甚至會把他人的好意曲解成敵意。

被少數人攻擊時，被害者很自然地預想將有更多人加入批評的行列。被害者會自己放大攻擊者的範圍，「那個人鐵定會到處講我的壞話，以後連不太了解我的人也一定會對我有不好的印象，甚至喜歡我的人也會對我感到失望」。長期的批評會大幅降低一個人的自尊心，就算曾經說「你憑什麼批評我」來為自己辯護的人，一旦遭受長期的批評，自尊心被消磨殆盡時，就真的把自己當成一個「相當欠罵的人」。這個人最後變得自暴自棄，接受他人為何責罵自己，認為自己是個沒有價值的人所以才欠罵。

當一個人認為身邊所有人都在攻擊自己時，他會逐漸喪失對周遭的信任，變得無法再相信任何人。通常此階段的人會出現兩種狀態，第一種是產生不安情緒，認為周遭所有人都在批評自己，並且對於自己無法改變現況而感到無能為力。受害者可能會變得像P一樣恐慌，當他認定世界上所有人都在批評自己的時候，也就不再有他能力所及的處理方法。受到外部不斷攻擊下卻無計可施的被害者一旦接觸到外人，通常會出現「害怕、不安、恐懼」的感受。當周遭充斥了令人害怕的對象時，誰不想把房門鎖起來與世隔絕？這個狀態必然會伴隨著憂鬱與恐慌，**只要恐慌沒有被解決，孤立的生活就不會有結束的一天。**

第二種狀態則是比較激進的防禦狀態，他們認為周遭都是不可信任的、與我為敵的，面對他人最先的感受是憤怒而非不安。他們覺得「你也是跟其他人一樣想要害我對吧？想要趁我不注意的時候擺我一道吧？」並且把自己的憤怒投射到身邊所有人身上。妄想型（paranoid）的人就是屬於此狀態。妄想型常見於某類性格，因此某些人天生就帶有這種妄想傾向。當妄想傾向已經嚴重到病態程度時，在精神科診斷上又稱為「妄想型人格疾患」（paranoid personality disorder）。不過某些人在遭受他人反覆批評與抹黑時，也會出現妄想傾向以求自我保護。人心難測，所以他們乾脆不相信任何人。此類型的人會先起疑，藉由觀察來提早防備可能的攻擊。你的身邊是否有這種妄想傾向的上司或同事呢？那麼他鐵定是個讓人傷腦筋又難伺候的人。

不管是害怕人群而自我孤立，還是對所有人充滿妄想型的仇視與憤怒，批評讓我們遭受到最嚴重的後遺症其實是有關「信任」的問題。當我們失去了對人的信任，也就無法獲得他人的信任。在職場上「獲得信任」有多麼重要啊！當對方值得信任，我們才能順利與之共事；相信對方能理解並傾聽我們內心的想法，彼此才能夠產生情感的共鳴。不論是婚姻還是友情都必須以信任為基礎，而職場上，要是信任這個先決條件已經動搖，就不可能有令人滿意的職場生活。

當這種不安與懷疑成為極端狀態時，就會出現我們不願看到的結果，例如嚴重的精神症狀，可能是妄想型人格障礙與被害妄想，甚至是出現幻聽而聽見別人在怒罵自己。這個時候已經不是自己可以解決的問題了，一定要盡速就醫。

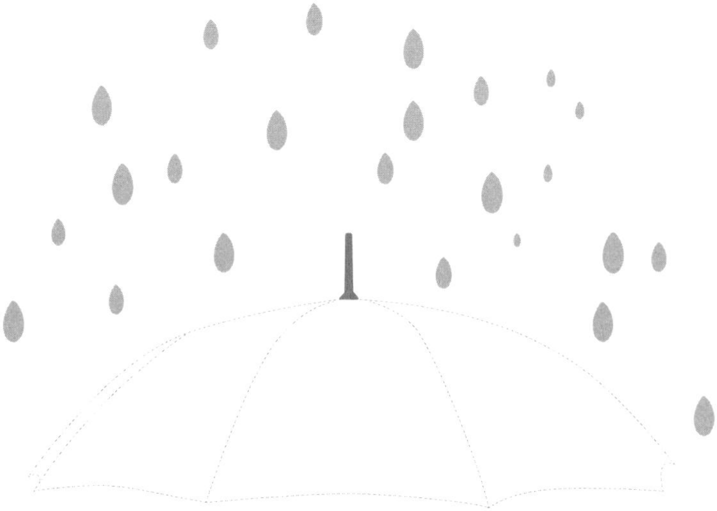

我們本來就會害怕別人在背後説壞話，
但請務必記住，
不要因為過度擔憂而無法再相信任何人。

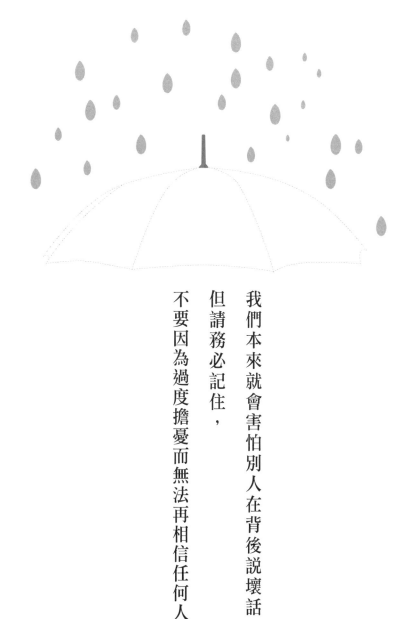

在重度憂鬱而想不開之前

R副理長期處於被批評的環境下而痛苦不堪。有一天他來到住家附近的醫院看診，醫生問他哪裡不舒服，他說他常常睡不好、沒有胃口，有時候心跳會突然加速，但量血壓卻沒有什麼異常。偶爾消化不良，最近因為食慾不振有時少吃幾餐，沒想到一個月內居然瘦了兩公斤。醫生根據他的描述懷疑是憂鬱症，R副理聽了感到十分震驚。他不曾覺得心情明顯憂鬱，只不過是睡不好、身體不舒服去看醫生而已，怎麼會說是憂鬱症呢？

受批評而苦的人會來到醫院，最主要是因為憂鬱症。有些人已察覺自己得了憂鬱症，但也有很多人並沒有自覺。許多患者認為自己的症狀只是因為壓力引起，單純只是睡不好而已，希望醫生簡單開個藥就好。再加上大部分的人都以為是身體出了問題，而不是心理問題。

許多憂鬱症患者都有類似以上的經驗。有些人覺得腸胃不適，到內科照內視鏡檢查發現只是神經性腸胃炎，吃藥就好。心跳加速去醫院檢查，結果血壓也無異常。這就是批評引起的壓力和憂鬱讓我們身體各處出現了許多問題。有很多人嘴巴上說「身體的不適是壓力造成的」，還一邊到處跑醫院找病因，會來精神科問診也是千百個不願意。然而我們的身體與心理是互相連結的，其實身體各處莫名的症狀常常是心理的憂鬱和不安所導致的。你可以把它想成心理的疾病透過身體呈現出來。身體症狀特別明顯時，精神科稱其為體化（somatizaion），當體化症狀嚴重時，請務必接受精神科的治療。

許多人早在體化症狀出現之前，就已經察覺情緒上的困境。他們也很早就知道自己有了憂鬱症。他們會無緣無故地哭泣、久久無法成眠，為了入睡硬把自己灌醉，隨著飲酒量變大而沉溺於酒精。他們的變化很容易被身邊的人察覺，說他們變得陰沉、轉變很大。他們變得易怒，以前下班回家不論再怎麼疲憊也會溫柔地陪孩子玩，現在為了雞毛蒜皮的小事都要對孩子發脾氣。這些行為都是過去在他們身上不曾見過的。當他們把周遭都當作敵人，即使陌生人的眼神也令他們感到極度不安，那就是罹患上嚴重的恐慌症。

憂鬱症嚴重時甚至會出現自殘或自殺的現象，這是批評所引起最極端的傷害。痛苦不堪時，或許爽快離職會是個好方法，但要是必須屈服於現實而無法選擇離職時，絕望中對自身安全最具威脅性的選擇就是自殺了。憂鬱症嚴重的患者無法做出合理的判斷，因此難以思考正確的解決方法。當一個人找不到任何對策與希望時，最後他會認為只有自己消失，問題才會獲得解決。在這個自殺問題蔓延的社會裡，人際關係的問題以及其衍生出的批評問題已經漸漸成為威脅上班族生命安全的直接原因了。受批評所困而求醫的人有個共同的疑慮，那就是**即使接受治療，外在情況仍不會改善**，那麼我的狀況怎麼可能會好轉？他們認為應該是批評者消失，自己所遭遇的問題才能獲得解決，光是接受治療怎麼會有用？確實如此。治療不可能連患者所處的環境都改變得了，而且醫生也不可能衝進公司一一說服製造問題的批評者。不過先不論環境是否改變，憂鬱症仍應該接受治療，把它當成疾病來看待。治療的目的必須是重新補充患者消耗的精力，讓他們有足夠的力量去抗衡批評與壓力。治療為了是補充消耗殆盡的精力，同時為自己注入活力。

Chapter

03

受了傷卻佯裝堅強

想要解決無法解決的問題，
最聰明的方法就是接納它。

練習不執著

有些人第一眼就跟我不合

批評是他人對我們的負面反應之一，而且還是負面反應中較強烈的。批評是無情的對待，它打擊我們、傷害我們且否定我們的存在。通常人在遭受負面批評與對待時都會感到慌張。要是真的遭遇到，姑且不論批評的強弱，我們應該用何種心態去看待它呢？即使對方還沒有嚴重到批評的程度，但我們又該用什麼心情去面對討厭我們的人呢？

每個人都希望表現出自己好的一面。畢竟製造好印象獲得好感百利而無一害，不但升遷比別人快，還能獲得好名聲。要是好消息傳遍各地，讓不認識我的人也都喜歡我，那該有多好？因此每個人都希望自己善於社交，木訥害羞的人就算不習慣跟人打交道，也會小心翼翼不要冒犯到別人。然而即使我們再怎麼小心謹慎，專挑讓大家都高興的事去做，討厭你的人還是會討厭你。你搞不懂為什麼自己已經這麼努力了，還是有人不喜歡你。你想盡辦法了解他討厭你的原因，同時你也努力讓他對你改觀。被討厭是一件不太開心的事，也是一件傷自尊的事。因此你為了修復受損的自尊心、跳脫不安的情緒，想方設法修正關係，卻發現沒有你想像的那麼容易。當關係修正失敗時，不安和焦躁變得更嚴重，你的行為也變得更畏畏縮縮了。

有些人就是不為什麼地討厭你。就算你已經使出渾身解數，還是無法阻止別人討厭你。這就像是你看到討厭的藝人出現在電視上就轉台，一定會有人第一眼就是跟你不合。**我們可能不會對自己討厭的人有什麼特殊想法，但卻會特別在意討厭我們的人。**你以為只要自己再努力一下就能改變對方，就算你心中某個角落已經知道不可能扭轉對方的想法，卻還是無法自制地討對方歡心。這麼一來，你的精力當然會逐漸告罄。

秦始皇不願接受人都會衰老死亡的自然法則，因此他始終無法克服對衰老病死的恐懼與不安。人際問題也是同樣的道理。不可能每個人都喜歡你，就算再怎麼努力，也沒辦法改變被某個人討厭的事實。有時候與其用負面的角度看問題，還不如去接受它，你就能回復心靈的平靜。一個身體有缺陷的人成天怨恨不幸為何偏偏發生在自己身上，最後只是徒勞無功而已。**只有接受缺陷，決心帶著這個缺陷一起走下去，你才能以更平靜的心態享受人生。**

想要解決無法解決的問題，最聰明的方法就是接納它。知名的生死學大師伊莉莎白・庫伯勒—羅斯（Elisabeth Kübler-Ross）的理論中有個最著名的「臨終前五階段反應」。

羅斯將重病患者或臨終病患的心理反應分為：一、否認，二、憤怒，三、討價還價，四、沮喪，五、接受。當人得知自己即將面臨死亡，第一個反應是不願接受（否認），接著對這件事感到氣憤（憤怒），並試圖協調（討價還價），陷入憂鬱情緒中（沮喪），最後來到接納事實的階段（接受）。

仔細想想，臨終前五階段反應似乎不只適用於瀕臨死亡的時候。當我們得知自己被討厭，內心第一個湧現的感受是什麼？或許會出現和臨終時相同的反應也不一定。首先我們會否認、憤怒，與事實協調，也會感到沮喪。重點是最後的階段「接受」。

不管你再怎麼想逃避，死亡就是明擺在眼前的事實，唯有接受死亡，我們才能脫離恐懼和痛苦。面對批評也是一樣，像接受死亡般去接受這個世界一定存在討厭我們的人，這樣才能夠從折磨中獲得解脫。

為了應對死亡這個最巨大的壓力，人們為了保護內心不受傷而選擇了接受。雖然被討厭無法與死亡相提並論，但兩者顯然都是無法逃避的問題，我們必須努力去接受它。對於職場新鮮人我特別想提醒一句：**隨時都可能出現討厭我們的人，請把它當作理所當然，做好心理準備。接受它吧！**

你可以不被所有人喜歡

很好，現在我們已經接受被討厭的事實了。被討厭是一件極可能發生的事，而且我們也無法滿足所有人的需求。然而你還是感到不平，憑什麼平白無故活該被罵？被討厭的確令人生氣，它不僅使我們心情不好、感到委屈，還會變得憂鬱。心裡那一把火該如何是好？無論我們再怎麼試圖接納批評，但有可能連這些負面情緒都阻擋得了嗎？

沒錯，理性跟感性是兩回事。我們雖然可以靠理性去接受被討厭的事實，但卻無法用理性去調節被討厭所產生的感受。通常折磨我們的幾乎都是情緒上的問題。就算你已經接受被批評的現實了，心裡的痛苦還是在。這就好像大腦已經處理完事情了，但身體卻仍然極度慌亂。

這時候又要發揮「接受」的效用了。被批評所產生的各種情緒是每個人理所當然都會有的自然感受。我們應該接受批評的對象，也應該自然而然地接受自己的情緒。我們的目的並不是壓抑自然而生的感受，而是被某人的負面反應激怒時，告訴自己：「是的，我在生氣，這是很自然的事。我感受到自己正在生氣。」並且自然地接受它。一旦我們試圖控制情緒，通常都會出現反效果。壓抑憤怒會引發更劇烈的憤怒，被壓抑的情緒搞不好還會以更荒唐的方式表現出來。我們應該接受理所當然的事物。老實說，想要解決情緒方面的問題，我們能做的並不多。雖然說來矛盾，但與其花心思去消除情緒，最快的方法反而是去接受它，這樣才能擺脫負面的情緒。

如果我們已經做好心理準備，接受隨時隨地都有人對我們有意見，那麼實際遇到這樣的人時，心理折磨指數也會下降許多。一個是以為每個人都喜歡他，但後來才發現有人討厭他；另一個是已經有心理準備會遇到不好的狀況，兩人所承受的心理衝擊鐵定相差很大。好的批評處理關鍵在於被批評時你如何處理自己的情緒。我們之所以會感到痛苦，並不是因為「被討厭」，而是被討厭後的感受讓我們不舒服。並**不是情境使人憂鬱才得憂鬱症，而是因為你用憂鬱的心態看待自己所處的環境。情緒永遠是最先影響我們的。**

最後容我再囉唆一句，「不會所有的人都喜歡我」意思是「我們無法百分之百滿足每個人」。但千萬不要把它誤解為「誰都可能討厭我」，避免把「部分可能性」當成「全體」。

不用羨慕人氣王

J組長在部門裡的綽號是「娛樂公司老闆」，儘管年紀輕輕，其特有的幽默感和活潑個性讓他在聚會上總是掌控全場氣氛。有他的地方就一片和樂融融，同事們甚至說要是沒有J就不想出席公司聚餐。除了聚餐的餘興節目之外，他也通曉美食餐廳、約會排程、旅行資訊，因此許多同事要約會休假之前，都一定會先向J請教，結果也都令人滿意。現在J幾乎已經成為部門內的明星了。他的名聲也傳遍其他部門，J的部門主管甚至還要煩惱不讓他被挖角走。每個人都羨慕J，想與他共事。

沒有人躲得開批評之箭

講到批評，就不得不談到藝人。除了藝人之外，也可以想想政治人物、運動選手等所謂眾所周知的公眾人物。比如說，在國內有幾百人認識我們這種平凡人，那麼聽過這些公眾人物的人可能超過數百萬人。上網搜尋看看他們的名字，瀏覽一下每則相關報導下方那一大串的留言，有多少是純稱讚和支持的呢？你很容易發現即使這個人做人謙卑、勤於公益、私生活檢點、沒什麼明顯缺陷，報導下方仍不少惡意留言。他們是做錯了什麼，為什麼得遭受這種待遇？

公眾人物平白無事時大眾的反應就如此激烈，更何況爆發問題事件的時候，肯定一發不可收拾。不管是酒駕、賭博、服用禁藥，甚至離婚等家務事，公眾人物的報導底下總是掛著滿滿的惡意留言。說它是惡意留言還嫌客氣，有些留言程度已經近乎詛咒，猛烈到像是「要滅你家三代」。當然我並不是要為誰辯護說「他犯的錯有需要罵得這麼過火嗎」也不是「不能寫惡意留言」，做錯事本來就該遭受批評。我只是很好奇這些藝人和公眾人物遭受如此猛烈的批評與詛咒時，是怎麼接受它、克服它的。當不認識的人一副要殺人般的攻擊你，而且這種人還不止一個，有成千上萬人，這些公眾人物到底該如何撐過去？或許真正的批評處理專家本身也是公眾人物。要是能邀請一位飽受惡意批評的藝人，分享他如何在槍林彈雨之下還能優遊自在，或許他會告訴我們一些絕妙法子也說不定。

我不是要大家去學習公眾人物面對批評的方式，而是去思考他們處在多少批評聲浪之中。上網稍微搜尋一下就知道，被冠上所謂全民男神、女神的知名運動選手、節目主持人、歌手等名人，都躲不掉網友不明就裡的批評。當然，每個人被批評的程度因人而異，有些人接收稱讚和批評的比例是七比三，有些人是九比一，甚至更壓倒性的九點五比零點五。即使支持率這麼有壓倒性，仍然出現批評的聲音，只是聲量大小的差異而已。就算全民之神等級的人在能力和人格上都完美無瑕，也依然免不了被人批評。公眾人物不論是否出於自願都必須在人前曝光，他們雖然獲得了相對的支持和愛戴，但同時也必須承受相當的批評。

講到這裡，那個受歡迎的J組長想必也有他避不開的批評之箭隨時朝向他蓄勢待發。J組長一定也有批評者。並不會因為你是公眾人物、藝人，就只會享受到粉絲愛戴而沒有批評。公眾人物很有可能被更過分、更令人瞠目結舌的評論與批評折磨，我們不必一味羨慕。**我們不需要拿自己跟別人做不必要的比較**，讓無法宣洩的憤怒又添加了嫉妒和哀嘆。

人緣和批評多寡成正比

我方軍力越擴充，敵軍也會隨之增加。在人際關係中，我們的交友圈很難只有自己人。想要成為人氣王，就得先自覺當喜歡我的人增加時，批評我的人也會以同樣幅度增加。如果承受不了敵軍擴張，那還不如就滿足於有限的交友圈，讓自己開心點。

與人相處時，我們很難像變色龍一樣依照對方的特性來改變自己的屬性。每個人都擁有自己既定的顏色，難以配合環境去改變這些顏色。黃色在哪看起來都是黃色，黑色到哪都無法隱藏自己原本的色相。開朗的人無論在哪，開朗的性格總是顯露無遺；滔滔不絕的人不論對長輩還是小孩都一樣滔滔不絕。如果有人羨慕你開朗的個性，且認為滔滔不絕是一種自信的表現，那麼這些特性對那個人而言就是優點。但這個世界上怎麼可能都是這種人呢？當你認識的人多了，就意味著更有可能遇到覺得開朗是不夠真誠、滔滔不絕是自大狂妄的人。或許真的有人可以像變色龍般根據狀況隨心所欲呈現不同面向，但那種人一樣會受到「不知道他原本的真面目是什麼」「感覺不太能信任」等負面評價。

如果考量了以上狀況後，你還是決心成為人氣王，那麼接下來你應該把重點放在集中火力提升粉絲和友軍數量才行，不要去在意那些與你為敵的人有多少。假使一般人有五個好朋友，而你有三十至四十個知音，如果他的批評者只有一、兩位，你就得有心理準備會有十人左右討厭你。你的焦點放在哪裡，它的意義就會不同，你的心情也會不一樣。同樣的道理，當某位歌手或演員躋身為明星，他的粉絲數量當然也隨之激增，但詆毀他的粉絲也一定會跟著增加。但你看有哪位藝人因此放棄成為明星呢？我想應該不會有人因為害怕批評和惡意留言，就侷限住自己的人氣發展的。這些藝人會把注意力放在如何獲得更多人氣，而不會去在意惡意留言增加多少。搞不好花了精神去理會這些反對者，到頭來只會讓自己更受傷而已。也有很多藝人不上網，並不是因為他們不會上網，而是故意不用。

有些人到處結交朋友，擁有廣大人脈，但後來卻漸漸縮小自己的社交圈。你可能覺得可惜，也好奇為什麼會有如此突如其來的改變，但當事者自己其實很滿意這樣的轉變。原因就是「朋友交多了，的確有很多好的地方，但相對地要承受的傷也不小。如今我已不想再受傷了，只要跟我真正喜歡、互相信任的少數幾個人好好相處我就很滿足了。身邊有多少人並不能代表有多幸福」。有時候人為了不再受傷，也會主動縮小交友圈。

「我要變得更有魅力，就不會有人批評我了」。若你有如此決心，那可得留意了。當你變成了魅力四射的酷男（cool guy），身邊一定會有更多喜歡你的人，但討厭你的人並不會因此而消失，反而可能更多。**若無法接受任何一個人討厭你，那麼就根本沒有成為人氣王的資格。**

每個人身邊都存在友軍和敵軍。不可能每個人都喜歡我們。既然一定會被討厭，倒不如忽略那些討厭我們的人，多多去關心、感謝喜歡我們的人。即使友軍數量單薄，只要懂得知足就夠了，若能有更多支持者更是錦上添花；沒有也沒關係，積極去尋找吧！在天秤的兩端放上喜歡我們的人和批評我們的人，前者一定得重於後者。我們必須靠好感來消滅批評。

八面玲瓏者，你累了嗎？

H人稱處世達人。沒人可以像他那樣面面俱到、八面玲瓏了。尤其跟主管們互動時，他察言觀色的能力像是能把人看穿。當經理臉色似乎不太對勁時，他即使忙得焦頭爛額也一定跟著去喝酒，當經理的出氣筒。要是換成別人，鐵定連坐在經理旁邊都不情願，H卻一點也不在乎。而且當有人似乎對他感到不滿時，他就像雷達一樣能立刻察覺，並且主動向對方釋出善意，包括請吃飯、請喝咖啡等等。漸漸地人們對H開始有了各種不同的評價，像是「真了不起」「以後會出人頭地」「真會討好人」。

待人處事的壓力

有些人天生就善於察言觀色。他們可以向四方發射黃金等級的雷達，準確地察覺別人在想什麼、心情如何。他們對與自己有關的人偵察能力可以提升兩、三倍。當他們察覺某人可能對自己有一絲絲負面觀感時，就會提早啟動防堵措施。這種人只要從對方的表情和語氣上就能察覺出什麼。

這個能力可能是他們長期培養出來的生存本能。他們認為得時時刻刻睜大雙眼仔細觀察，才能避免被攻擊。即使他們某方面是為了追求身分地位而想表現出良好的一面，但主要還是因為不想被攻擊。在批評的種子萌芽之前，他們就會先從先土中將它剷除，這樣心裡才會舒服。這些批評種子不知道會從哪裡、以怎樣的形式冒出來，所以他們的雷達必須更強、範圍夠大才行。八面玲瓏者和人氣王有些許差異。人氣王個性親和，他們希望盡其所能親近更多人；八面玲瓏的人則主要不是為了和人們變熟，而是渴望不被人批評，也不希望有人對自己抱持負面的觀感。如果用運動選手來比喻，人氣王是攻擊型，八面玲瓏的人則偏向防守型。

八面玲瓏者也可以再分成兩種型態。第一種是渴望身分地位型。渴望身分地位的八面玲瓏者往往會在與他們關係不那麼密切的人身上獲得「個性還不錯」的好評。因為他們不會造成別人的麻煩，還會說一些悅耳的話，給人一種被關懷的感覺。他們會做出一般人在熟人身上也少有的貼心舉動，因此對交情沒這麼深的人來說，和這類型人相處的確令人滿意。我們身邊不就有那種惹上司喜愛的人嗎？然而與他們熟稔的人卻有不同的看法，覺得他們有些勢利眼，與人相處時常常計較利害得失。第二種型態則是無關乎身分地位，單純想給人好印象的人。比起第一種類型，他們很少出現勢利眼或令人討厭的形象。然而他們從不生氣、對每個人笑臉迎人，因此常令人懷疑「這個人到底有沒有自己的感受？怎麼可以活得那麼低姿態？」

不管是哪種類型，八面玲瓏者總是神經緊繃、不安，因為他們必須找出隨時隨地可能萌生的批評種子。他們想知道又害怕知道別人怎麼看自己？做了這件事別人會有什麼反應？講了這句話別人會怎麼想？他們很努力要在別人心目中留下最好的印象、講最好聽的話，因此就算生氣也會硬擠出笑容，壓抑自己的情緒，使得精力嚴重耗

有些人在批評的種子萌芽前，
就先啟動強大的雷達。
但是並非伸出敏感的天線，
你就不會遭受他人攻擊。
重點不在於不被攻擊，
而是人與人之間的關係。

損。當你問八面玲瓏者「當時大家對這件事有什麼看法？」他們能夠把當時周遭所有人的感受和狀況一個不漏地描述給你聽。但是如果你問「當時的你怎麼想？」許多此類型的人是答不出來的，也不清楚自己有什麼感受。即使當初的狀況分明該生氣，他們也會說自己沒有動怒，也沒有感到不快。

當八面玲瓏者盡可能做足了防禦，卻還是有人討厭他、批評他的時候，他們受傷程度會擴大兩、三倍，並且感到極度不知所措，因為這是一件絕對不該發生的事情。一件從來沒預料到的狀況突然發生了，於是不知該如何是好的他們陷入了焦慮。別說是憤怒了，他們連自身有什麼感受都不清楚，當然會比其他人更容易有罹患憂鬱症的風險。

運動中的防守方是很辛苦的。他們把注意力放在別人身上已經夠辛苦了，卻又不會因為緊盯著敵人而不受攻擊。**八面玲瓏者與人交往的目標不是「變熟」，而是「不被批評」**，因此和這類人相處時，比較難以感受到情感交流那種自在的感覺，因為他們總是時時刻刻觀察著我們。

為了不受傷反而更受傷的你

可能有些人會想：因為我平常沒有仔細觀察他人的想法和情緒，我只想到我自己而沒有顧慮到別人，我應該要在第一時間發現別人的狀態並且做出適當的反應才對，但我沒做到，所以才會被批評。

這句話在某方面來說沒錯。把部分的雷達朝向他人確實有助於人際關係，也是必要的。然而如果把注意力全部放在他人身上，就真的可以免於被人批評的命運嗎？當個人氣王不容易，但八面玲瓏才是最辛苦的，因為他們必須把心思適當地分給周遭所有人。人氣王因為追求的是與人交往的親密感，所以他們可以享受到以逃避批評為目的的八面玲瓏者所沒有的交往樂趣。八面玲瓏者不但得不到深厚的情誼，還必須惴惴不安地過日子，而且還不能保證得到百分之百期待的效果。他們的人生真的會幸福嗎？或許學著放輕鬆、不察言觀色，無論別人怎麼想都還是走自己的路，會活得更自在舒服也不一定。

舉個例子來說，假設這裡有五個人，而你的心思為一百分。通常人們會把心思集中在自己喜歡、有好感，或是關懷我們的人身上。相反地，我們不會刻意去理會自己不想認識，或剛好也對我們沒興趣的人。那麼假設這五個人裡頭有兩個你有好感，一個你特別喜歡，剩下兩個你完全不在意。你會怎麼向這五個人分配一百分的關心呢？我相信應該是三十：三十：四十：零：零。你會希望跟自己最有好感的人建立更親密的情感，而且大部分都能維持良好的關係。而你跟拿到零分的那個人相處的狀況如何呢？你不會去在乎。

然而八面玲瓏者分配心思的方式則完全不同。他們不允許一絲絲忽略掉周遭任何一個人，因為如果忽略了誰，都有可能遭來反感。他們盡可能把心思平均分配給所有人，以為只要對誰偏心就可能出現問題，若真的有問題出現，他們就會感到慌張失措。因此八面玲瓏者不會以好感或親密感作為根據，而是把心思用二十：二十：二十：二十：二十的方式平均分配給身邊這五個人。這樣會導致什麼結果呢？將心思分割成完全均等的量是一件極為困難的事。首先從付出者的角度來看，他必須辛辛苦苦地測量分量大小，還得一個個比較。而接收者的反應呢？對原本沒有預期獲得二十分的人來說，他可以獲得八面玲瓏者的關心，這當然是八面玲瓏者所期待的結果。然而肯定有人一開始就嫌二十分太少。對方覺得關心度要到四十至五十以上才能建立信賴和情誼，那麼你僅付出二十分要如何滿足他的期待呢？對他來說二十分跟零分沒兩樣，往後還可能因此為關係帶來批評的隱憂。相對地，只獲得二十分就滿足的人很可能連二十分的心思都不願付出，難道他拿到二十分就有機會跟八面玲瓏者變成好朋友嗎？**情誼建立是需要彼此付出關心的，只有單方面的討好什麼都得不到。**

因此八面玲瓏者不論在情誼層面、批評層面上，都不會得到自己預期的成效。他們在一個沒有明顯實際效果的過程中耗費了過多的精力。一個人想要維持社會地位或良好的人際關係，察言觀色當然是一項必備技術，也是值得鼓勵的。事實上，懂得看臉色的人確實比較容易成功。只是若你的觀察是用來逃避批評，我希望你可以三思。做任何事，適度的拿捏才是最合宜的。

是非紛擾中的處世之道

他只針對我嗎？

當我們被批評、被辱罵時，腦中第一個浮現的應該會是「為什麼」吧？突然間被莫名其妙批評時，我們通常自動聯想到「他憑什麼罵我」「我做錯了什麼」「為什麼只針對我」。問題發生時，找出解決之道更有助於解決問題，但是大部分的人卻基於「有因就有果」的心理而忙著找問題的「原因」。

就算我們努力讓自己接受批評的不可抗性，但還是會想知道為什麼剛好是「那個人」罵「我」？前面已經提到，當我們遭受批評時應該換位思考，要是換成自己攻擊他人會是出於什麼立場。換位思考是為了理解攻擊我的「那個人」在想什麼。批評必須有發動者與接收者，「對方」是發動批評的主體，所以解決問題的關鍵就在「對方」。要是接收者能發揮同理心去了解「對方」，或許多少能減輕自己所受的傷害。但要是無法理解「對方」，接收者就會遭受二重傷害。

與受批評所苦的人諮商時，我會盡可能搜集批評者的相關資訊，了解他的性別、大約年齡、工作職責、平常的個性或別人對他的評價、過去與來談者的熟稔度、目前兩人的關係等重要資訊。儘管當事者否認某件事，醫師也應該盡力理解批評者所說內容的客觀程度和合理性。有時候我們得像福爾摩斯，綜合評估各個資料後推測對方為什麼批評。經過這般思考後，就可以告訴當事者「他發動攻擊真的表示是厭惡你嗎？」「為何這個人偏偏看你不順眼？」「這個狀況真的沒有轉圜的餘地了嗎？」被批評者因為太心慌、思緒冷靜不下來，可能難以客觀思考，因此我們必須以客觀的角度幫助他們判斷。

問題可以是「B只被A批評嗎？還是其他人也會這樣傷害B？」「每個人都認為A是個彬彬有禮、品行優良的人嗎？還是其他人也不喜歡A？」「他最近是否發生了公司或私人方面的問題？」「最近他的表情和口氣怎麼樣？」不只負責諮商的醫師要做以上評估，情緒平復且狀態冷靜後的當事者以及他的同事也都必須思考這些問題。

要是綜合評估過後發現除了當事者之外，批評者也時不時對其他人口出惡言而臭名昭彰，那麼我們就不必因為這種人的批評而受傷，就當作自己不幸被他亂槍擊中，不去在意就好了。你應該學習分辨到底他是不是對大家都講話帶刺，還是他對其他人都很親切、值得信賴，卻唯獨批評你。

還有一個可能的狀況是，批評者本身的狀態並不好。或許他遭遇了許多不好的事而心情憂鬱，或是身體不舒服導致他情緒敏感。總而言之，**我們必須了解對方是否有充足的理由批評我們。**但此舉的目的不是為了認同對方。就算對方遇到了問題，我們也不該認同他的攻擊行為。我們不該認為「你也有苦衷，所以我甘願當你的出氣筒」。不該被認同的行為，也不該被原諒。我們絕對不是為了無條件原諒對方才設法理解他的狀況和背景，而是為了自我防禦。

這個方法可以套用於常見的精神科治療方式——「認知治療」（cognitive therapy）。認知治療可修正來談者錯誤的認知，協助其改善症狀。假設患者的認知為「他就是討厭我，而且這件事永遠都不會改變」，而認知治療就是將它矯正為「在這個情況下，人都可能會這麼做。他只是一時在氣頭上，等他狀況好些，就不會再做出如此無禮的行為」。錯誤的認知會帶來錯誤的行為和感受，因此認知治療的關鍵就在於矯正錯誤認知。

透過這樣的方法，有些人開始用新的觀點理解對方，同時更能調適自己的情緒。但遺憾的是，還是有些人依舊不認為問題出在對方的狀態，而是把責任都歸咎在自己身上。老實說，我們不能百分之百把問題歸罪於對方。要真如此，反正都是對方的錯，我們根本不需要煩惱，只要左耳進、右耳出就好了嘛！但是通常**批評的原因都是一部分出自「對方」，一部分出於自己。**兩者的比例依狀況而異，也是我們必須努力去分辨的。

總的來說，我們必須懂得區分自己的因素與對方的因素，**不要把對方的責任攬在自己身上。**若對方的責任占了五十，則剩下的五十就由自己承擔。若對方是八十，則我只需承擔二十。當對方的應負責任越大，我所受的痛苦就越少。我們要常常記得考量對方的因素，因為要讓自己心裡舒坦一些，即使是百分之一也得追究。

因為「我」對，所以「你」就該錯

某部門的J經理從大學時代就是個出了名霸道的人。雖然不能說他多壞，但他相當固執又愛嘲諷人，因此很少人想與他深交。特別是即使芝麻綠豆般的小事，只要意見分歧，J不管自己的意見對不對都會堅持到底，因此常常討論到最後對方就會好自為之地放棄自己的意見。這樣的個性到了職場上就被前輩講成「狂妄後輩」，等他升上主管後也因為人身攻擊性的發言，例如「你生下來有屁用」「照我說的做，不用有意見」，而成了大家避之唯恐不及的人物。已經有多位下屬因為受不了J經理的言語攻擊而紛紛離職了。

有些人因為小事常與他人爭執。對他們而言，凡事都是自己對，別人都不對，而真正誰對、誰錯對他們其實一點都不重要。這種狀況常發生在男人喝酒的時候。他們不懂得尊重意見多元，無法理解人人想法各異的道理。他們對小事也得爭得你死我活，好像要賭上自己的存在價值一樣。

和這類型人相處通常很辛苦。他們話一開頭就是「不是這樣」，接著「你怎麼這副德行」「你的問題就在這兒」等人身攻擊就出現了。當凡事都用這樣的態度處理，遲早會出現批評的聲浪，因為他們的行為已經超乎了自我主張強烈與固執的層次了。別人都是錯的，只有我是對的。不，正確來說，只許我是對。

他們的意思不是「你們說的有理，我說的也有理。我的意見不一定對，但我希望被尊重」，而是「因為我對，所以你們都錯」。換句話說，你們一定得錯。為什麼？因為我一定得是對的。你、我都沒錯不是很好嗎？但他們卻沒想到這點。他們的想法沒有灰色空間，是典型的非黑即白、非全有即全無的思維。

經常攻擊他人、把「你錯了」掛在嘴邊的人，他們講話的目的通常只是為了說「你錯，我對」。他們透過否定別人來滿足自己被肯定的需求，並藉以證明自己的存在。就像是必須踩著別人爬上去，才能獲得自尊心。除了殘忍地踐踏他人之外，他們就連普通的爭論也火力全開不願認輸。否定與爭論容易引來批評。當他們說「你能力不夠」時，容易被解讀成「你的能力還不及我的一半，學著點吧」。

這類型的人習慣以攻擊他人的方式來提升自己的存在感，因此**無法體會被攻擊者的感受**。他們認為一旦**證明自己是對的，別人就會肯定他、看得起他**。然而實際上固執己見的態度反而使身邊的人漸漸遠離，最後自己則被孤立了。他們並沒有察覺被孤立，而使得關係漸行漸遠的惡性循環持續發生。

在思考批評的「對方因素」時，必須掌握對方的性格或行為模式。尤其得留意這個世界上有些人已經批評成習。他們把批評與不滿當作日常的一部分，幾乎不開口稱讚別人，為了小事動不動發動攻擊和批評，總是瞧不起別人。這類型的人天生就愛批評他人。某方面來說，他們也實在可憐。因為只有藉由否定他人的方式，他們才能肯定自己。對他們而言，團體生活根本是不可能的任務。

理解對方的處境、背景、性格是個浩大工程。你需要搜集許多資訊，所以你必須積極借助周遭人的力量才行。相信你身邊**一定有人比你還了解批評者**，你可以與他們一起討論、試著理解他，相信將有助於找到問題的解決之道。

侵蝕心靈的怒火與絕望

P在兩個月前就開始感到吞嚥困難，好像有什麼東西卡在心窩上，覺得很難受。用內視鏡檢查也查不出異常，但這不明的疼痛卻持續困擾著他。隨著症狀越來越嚴重，最近他還感到心跳突然加速。這個現象極類似最近席捲社會的恐慌障礙。P最後來到精神科求診，才說出自己因為嚴厲又頑固的經理而長期處於壓力之下，但又無處宣洩，才一直獨自承擔著痛苦的生活。

憤怒，是內心自我燃燒的熔爐

現在我們要試著去理解那些天生就愛批評的人。所謂的理解，需要客觀且理性地評估各種資訊。為了充分發揮理性，我們必須排除不必要的情感。其中最棘手的情感就是「憤怒」。要是逃不出憤怒的漩渦，恐怕難以做到理解或合理化。

理性與感性可以用大腦科學來解釋。我們大腦中的邊緣系統（limbic system）與情感相關，而前額葉（prefrontal lobe）則與理性思考、控制衝動等有關。它們並非各自獨立，而是借由神經迴路的連結產生密切的關係。前額葉適當地控制邊緣系統，讓理性得以抑制感性。相反地，若邊緣系統中情緒超出負荷時，就會透過相連的神經迴路去妨礙前額葉的功能。負荷過度的邊緣系統降低了前額葉的功能，這就是為什麼人在極度憤怒或激動時會降低理性判斷力。我們可以用生物學來解釋為什麼一個人就算自制力再強，受到強烈情緒刺激時也會失去理智的原因。

憤怒是我們遭受批評最直覺的感受，而我們如何處理憤怒、表達憤怒，將會對自己造成很大的影響。醫師或諮商師與受批評所苦的患者談話時，會鼓勵他們盡量將感受表達出來。並不是要他們在諮商室裡砸椅子、掀桌子，而是請他們回憶被批評時的憤怒情緒，再次感受它，接著以描述的方式表達出來。患者可能會大呼小叫，也可能流下忿恨的眼淚。夫妻吵架、遭受霸凌等等，有太多的狀況讓我們在內心累積了許多憤怒，治療上相當重要的環節就是把積壓在心中許久的怒火釋放出來。在兒童精神科方面，則是藉由藝術治療、遊戲治療等非語言的方法，讓語言表達能力尚未成熟的孩子也能表現憤怒與生氣的情緒。

從小我們就被教育盡可能地壓抑情感，將其視為一種美德。當然最近已經有越來越多人認為，必須觀察並了解孩子的感受、鼓勵孩子表達情緒，才能讓他們健康長大。但是大人們，尤其是廣大的上班族族群，卻不習慣把情感表現出來。處理生氣等負面感受並不簡單，對於不習慣表達情感的人來說，生氣時不外乎聲音大了點，嚴重時就是砸東西罷了。大家都知道對成年人來說，這種舉動實在太不成熟，因此通常都把憤怒悶在心裡，不去尋求其他適合表達憤怒的方法。因此**我們被批評的當下，憤怒找不到適合的出口，只好往內累積，並且引發各式各樣的後遺症。**精神科疾患的「火病」只見於韓國，由此可見韓國人與怒火之間有多麼深的關聯性了。

比起單純無法表達憤怒，更嚴重的就是**連自己都沒有意識到自己在生氣**。當一個人時常處於憤怒與生氣的情緒中，被害者就會認為生氣是例行性的、再理所當然不過的事。這就好像我們每天都在呼吸，卻因為看不到空氣，所以我們沒有意識到空氣的存在。無論是火病還是憂鬱症，都應該感受到自己正在生氣、憤怒，並把它表達出來。如果連自己都感受不到憤怒，問題就複雜了。通常不曉得自己在生氣的人有可能長期感到憤怒卻束手無策，也有人覺得生氣會帶來罪惡感，少部分的人是因為不習慣憤怒，所以連這種情緒是什麼都不知道。醫師或諮商師通常會對患者說明目前這種感受就是憤怒，在憤怒的狀況下發怒本來就是正常的，藉此提升他們自我察覺與表達的能力。

情感的英文是「emotion」，它是從拉丁文「movere」而來，意思是「動」。將「emotion」的「e」去掉就是「motion」，也就是動的意思。這表示情感不該累積於某處，而是要持續自然地流動才行。不要讓氣悶在心裡，而是要讓氣不斷地流動，這像才更符合自然。

絕望，是一面逃不出去的無助屏障

當批評已經嚴重到令人絕望，表示這個人已經自我消磨一段時間了。絕望就像是一個不速之客。通常連生氣都感受不到的人，很可能已經處於絕望狀態。被批評的當下本來應該用生氣當作部分的自我防禦，可是一旦防守失敗就會掉入絕望的深淵。

無法適時地感到生氣或憤怒，也無法發洩、表達憤怒時，絕望就來了。**懂得處理本能的情緒是非常重要的。**生氣讓我們可以透過正確的管道調整情感狀態，但絕望不一樣。與其說「我是垃圾」「我什麼都改變不了」是感受，它更像是一種信念。這樣的信念很難改變，應該採取預防勝於治療的方式應對。

當一個人處於某特定狀況下而感到無計可施，且此狀態反覆出現時，就很容易陷入絕望。心理學家馬丁．塞利格曼（Martin Seligman）有個知名的實驗叫做「習得無助」（Learned helplessness）。這個實驗首先把狗安置在無法逃離電擊的環境中並施加電擊，之後再加入只要跳躍隔板就能免於電擊之苦的裝置。然而此時再次施予電擊，狗卻沒有嘗試跳躍隔板逃開。這是因為狗已經學習到無助感，認為不管自己再怎麼做也無法逃離痛苦的環境。因此就算被安置在不同的環境中，狗還是認為自己無法逃離痛苦。長期遭受批評而產生的絕望就像是習得無助。一開始雖然生氣，也掙扎著要逃離當時的狀況，但最後卻發現什麼都沒有改變。這種**無助感累積下來就會形成絕望。**

絕望引起逃避。人能夠生氣，表示他最起碼還有剩餘力量跟周遭環境對抗，但是絕望已經是幾乎沒有對抗的力量了。為了不再製造出令自己絕望的狀況，人通常會躲起來。一旦開始逃避人群，往後也就沒有機會透過他人去體驗正面的經驗，絕望的信念也就越來越堅不可摧。在絕望衍生出更大的絕望和憂鬱，因失去活著的價值而傷害自己之前，一定要尋求協助。烏雲罩頂時，我們看任何東西都是灰濛濛的。**認知嚴重偏差時，一定要先矯正偏差。**務必藉由治療者的協助，讓患者了解所處的現實並非自己所想像般絕望。我們必須給自己時間去找出之所以感到絕望的因素，並且縝密地考察。我們也必須花時間去感受、表達憤怒。當問題嚴重時，一定要接受藥物治療等專業的協助。

你有聽過「直接死因」和「間接死因」嗎？假設一個人從高樓墜死，那麼「跳樓」是間接死因，因跳樓導致的「大腦損傷、腦出血」則是直接死因。如果把這個套用在批評上，某人的批評是「間接死因」，批評所引起的情緒就是「直接死因」。原來殺死我們的真凶就是批評所引發的情緒。因此保護自己不受批評所傷的最重要關鍵，就是如何處理情緒。

情緒列車終將駛離

如何不受負面情緒侵蝕

最近有越來越多書籍與報導強調情緒的重要性。人們不斷強調無論在社會或個人層面，都必須懂得自我覺察情緒狀態並適度調整情緒。面對「批評」，我們該如何處理自己的情緒呢？

管理情緒最重要的就是不被情緒牽著鼻子走。當然，被批評時我們不可能感到開心。你對批評者怒火中燒，同時還擔心其他人會不會也因此批評你，你還會感到失落與失望。即使如此，也絕對不可以讓負面情緒吞噬你。**一旦被情緒吞噬，你就再也不是情緒的主人了。**沉浸在情緒中會使你失去理性、判斷力降低，並且越有可能陷入更負面的情緒裡。你必須是感受情緒的主體，情緒只是我們的一部分而已。

為了避免被情緒淹沒，精神科會建議病患在腦中想像火車經過的樣子。火車從很遠的地方開過來，發出巨大的鳴笛聲經過自己的面前，接著漸漸駛離。通常情緒就像是火車一樣經過我們，然後離去。遭受批評時，雖然我們會被憤怒的感受侵襲，但時間過去之後，就像駛離的火車般，怒氣將漸漸消散。只要忍受過情緒顛峰期，就可以進入「一切會過去」遊刃有餘的階段。此時要注意的是你得靜靜感受情緒的襲來，千萬不能搭上情緒的火車，執著在情緒本身。只要你靜置不管它，情緒會自己淡化；然而一旦執著了，便會讓自己被情緒的浪濤淹沒。當憤怒達到最高潮時，我們得學會這樣想，「現在是憤怒的顛峰，它會像火車一樣很快就過去了」，千萬不能被情緒駕馭而做出後悔的行為與決定。

冥想也能幫助你不被情緒淹沒，並且學會接受情緒。冥想是隨時隨地都能自在調適情緒的方式。它不必是在佛寺裡打坐的偉大冥想，就拿批評來舉例，當遭受批評而感到怒火中燒時，去一個安靜的地方，以你覺得自在的方式觀察自己的內心。我們會用「試想有另一個自己在你頭頂上五公尺處」來向來談者說明這個技巧。浮在空中的另一個自己正在觀察地面上的自己。當你感到極度憤怒時，空中的自己正觀察著你說：「嗯，他現在非常生氣呢！」

其實當我們被情緒淹沒時，通常沒辦法觀察到自己「現在正在生氣」。當我們大小聲、砸東西時，也沒辦法自我觀察。除了負面情緒之外，快樂或幸福等正面情緒也一樣會削弱我們觀察自我的能力。不管是開心還是難過，自己應該是感受情緒的主體，但是大部分的人都會忽略這一點。感受本來就是我自己感覺到的，為什麼這裡非要強調是「自己的感受」呢？

「原來我現在正生氣」「原來我現在很難過」「這種感受很快就會過去」「這種事換做是別人也一定會生氣的」，**為了接受自己的情緒感受，最好平常就要練習先確認是自己正在感受。現在你正在想些什麼？有太多人其實連自己都不知道自己在想什麼。**我現在在想著晚上要看的電視劇嗎？還是正在擔心股市行情呢？或者我正看著對面的人的表情而感到不快呢？養成自我觀察後，將有助於被批評時立即啟動這個模式。

然而當我們身體嚴重緊張時，有可能做不到自我內心的覺察。所謂的身體緊張是指極度憤怒、生氣時所產生的心悸、肌肉緊張、心跳加速、冒汗等生理上的症狀。氣到心臟怦怦跳時，還有可能冥想嗎？每個人都有自律神經系統，當情緒產生強烈波動時，交感神經就會受到刺激讓身體感到緊張。此時應該透過放鬆訓練等方式盡量舒緩身體的緊張，深呼吸讓氧氣帶進全身，把注意力集中到呼吸上以降低身體的不適。

情緒表達越幼稚越好

情緒的語源是「動」，那麼情緒就該持續流動才對。其中一個方式是讓情緒像火車一樣駛過，但是使情緒流動最基本的方式應該是把情緒向外表達出來。無論我們再怎麼接受憤怒卻還是止不住怒火時，不管用什麼方式，一定要向對方解釋自己的感受，並說出你對他的期望。該怎麼做呢？

讓我們來看看這種基本句型：「因為你～，所以我很開心。」「因為他～，所以我很難過。」我們從小就學習如何用句子表現心裡的感受，但是當我們長大成人後，卻幾乎沒有機會再使用這類句子了，因為我們覺得太幼稚、太丟臉了。我們會對令我們失望的同事說：「你最近是怎麼了？」但卻不會說「你最近讓我很失望」。夫妻吵

火車從遠方漸漸駛近，
在我面前發出最劇烈的聲響，
接著逐漸遠離。
這就好像我們被批評時所感受到的憤怒。
我們應該想著情緒終究會離開，
停止憤怒。

架時通常只問：「你怎麼什麼事都做不好？」很少有人會正經地說「我現在因為你而生氣」。

通常我們說話的主詞不是第二人稱就是第三人稱，幾乎不使用第一人稱。好像忘了自己的存在般，都不是以「自己」所想、所感受當作對話的內容，重點都放在你怎樣、他怎樣。為什麼我們就算生氣，仍不願說出「我在生氣」呢？因為我們以為對方理所當然可以透過我的表情或語氣、動作，就知道我現在正在生氣。因此共同生活越久的人，尤其是家人或夫妻之間，更不常使用第一人稱來表達情感。

表達自我的方法又叫做「**我訊息**」（i-message）。我訊息之所以重要，是因為我們認為越是跟自己親近的人應該越能察覺我的情緒狀態，但事實上無論彼此再怎麼親近，對方也很難了解我們沒有表現出來的感受。不管是妻子還是丈夫都是。因此我們必須親口向對方說出自己的感覺。再者，我訊息是為了傳達我的感受，而不是描述對方如何。這麼做不但可以緩和對方的敵意，還可以讓他站在更自在、更中立的角度聽你要說的話。另外，我訊息是一種真誠表露自我感受的方式，因此更能展開坦率的對話，在不冒犯對方的界線內自然地表達出自己如此感受的原因，以及你對對方的期待。

試著用我訊息和批評你的人溝通吧！這的確會是個艱鉅的挑戰。一定有人認為在強調上下關係的職場中根本不可能和主管講這種話，也會擔心萬一說了奇怪的話，會不會為自己帶來不利？會不會反而把自己搞得下場難堪？然而有些狀況是無論如何都必須溝通的。很多時候對方讓我們深陷痛苦卻不自知。也有很多例子是在鼓起勇氣製造溝通機會，說出自己的難處後，促使對方改變行為並順利解決了問題。

「因為你～，讓我覺得心情不好。是否可以請你～？」只要用最委婉溫和的語氣展開對話就可以了。你不能只表達出自己的感受就結束，而是要**明確說出自己為什麼有如此感受，以及你期待對方怎麼做。**這是為了讓對方不至於覺得「我雖然知道你的意思，但是你講這個的用意是什麼？」對方若真能照我們的期待來做當然是錦上添花，但就算沒有，我們已經傳達了自己的感受且對方也能理解的話，就算成功一半了。能夠把痛苦的情緒表達出來並傳達給對方知道，也算是另一種收穫。

我認為就算處於強調上下關係與位階秩序的軍隊式環境，也不代表會成為阻礙溝通的障礙。好在現在許多公司都有了水平式的溝通管道。我訊息不只適用於職場，在家庭或個人關係中也是個表達自我並維持良好關係的好方法。

表達情緒時，像個孩子一樣，越幼稚越好。

這不是我的錯

某一天，黃喜丞相家中的兩位丫鬟起了爭執。她們跑去找丞相告狀，他聽了其中一人的話便說：「妳說得對！」此時另一位丫鬟立刻主張自己才是對的，他接著說：「妳說得也對！」一旁的丞相夫人便問：「這個說得對，那個說得也對，到底誰才是真正對的？」接著黃喜回答：「夫人妳說得也有道理！」

沒有人都對，也沒有人都錯

想必大家都知道朝鮮時期的知名人物黃喜丞相，這裡就來介紹他其中一則有趣的故事。

這個故事與「黃牛與黑牛」一樣家喻戶曉。還記得以前聽完黃喜丞相的故事後，必須銘記在心的啟示是什麼嗎？應該是人人都有不同的價值觀和立場，我們應該予以尊重。然而這些道理我們在道德與倫理課堂上已經聽到耳朵長繭，卻依舊無法確實實踐在生活中。要做到真正站在他人立場且不隨便評論他人，聽起來容易，實際做起來卻很難。

我們批評他人時，其實像是心裡不自覺地認為「我是對的，你是錯的」，而大部分的被批評者也是因為「我哪裡錯了嗎？」而苦惱不已。或許因為其中牽涉到價值判斷，所以我們才會這麼難以忍受批評。不過是誰下了我對、你錯的價值判斷呢？其實是你自己。你真的能保證自己的想法和決定一定是對的嗎？就算你的教育程度再怎麼高、經歷的歲月多麼長、從事某個領域多麼久，也沒有充分條件能證明你一定是對的。否則經驗和資歷不足的人不就沒有開口的餘地了嗎？我們應該時時提醒自己可能也有不對的地方，並且用「我的想法是～」的方式向對方提出建議與忠告。一味地堅持自己是對的，遲早會招來他人的批評。

同理，站在被批評者的角度也是一樣。批評對方錯誤的人本身可能有錯，不自覺就輕易地接受對方批評的人也可能不對。被批評者必須知道「他對我的看法是錯的，他現在並不尊重我」。雖然批評者不一定都是錯的，可是要是他沒有黃喜丞相般懂得尊重和發揮同理心，也不願考量聽者的立場時，你只要想「我可能有不對的地方，但是他不需要用那種方式說話。這個人缺乏對別人的尊重！」就夠了。**當對方並非絕對正確又欠缺同理心時，我們何必為了他的批評而受影響呢？**

人生並不像一加一等於二，有絕對的正解。即使是先知聖賢提出的處世之道也不一定是人生的唯一解答。就好比美食的標準人人不同，每個人對正確的處世方式也不會抱持相同的看法。那些教你邁向成功的暢銷書、名人演講，也都是以他們的標準提出解決之道，並非能適用於所有人。所謂多數決法則僅能說明多數人的意見更被認同，並不是指多數人一定是對的。一個人的獨步創見也可能改變世界，例如愛因斯坦在學生時期遭到老師與同學的排擠和非議，但他後來創下多少影響世界的成就？人與人之間並不是科學式的關係，「這樣做一定會成功」只不過是某個人為了成功付出努力後所產生的結果罷了。

只要全知全能的神沒有指定某個人說：「這個人才是真理，大家照著他的方式過活吧！」那麼就沒有人可以衡量他人的對錯。只要在心中認為自己是對的就好，不要把這個想法強壓在他人身上。相信黃喜丞相一定想過這兩個丫鬟誰比較有道理，只是沒有表現出來而已。我相信**善於關懷他人、換位思考的人也不會總是否定自己**。

不管對方怎麼說，我們只要知道自己對就好，這樣人生就不會那麼辛苦，也不會為小事爭得你死我活。「好，你認為你對就好，反正這也沒那麼重要」，只要不去在意就好了。在乎對錯的人不是別人，而是自己。

內向就是比人差嗎？

的確，我們爭執對錯互相批評，才發現這只不過是每個人都「不一樣」的問題。我們誤以為自己才是對的，不僅不尊重彼此的差異，還打著對錯的名義去攻擊對方，最後終於發覺也只是你我之間立場不同的問題而已。黃喜丞相一定也很清楚問題只是因為兩位丫鬟的立場不同。

每個人一定都是不一樣的。甚至相同父母的基因結合、同年同月同日生的同卵雙胞胎也有著相異的氣質和個性，只是外表看起來相似而已。你很難找到跟自己性格、行為舉止相似的人，哪怕是長相相似也都不容易遇到，更何況每個人都有各自不同的背景。天生的差異再加上獨特的環境因素，所以每一個人都是個性獨一無二的個體。

人都會受到相似的人吸引。相似的人通常會有聚集起來攻擊和自己相反對象的傾向。你可以從自己所批評的對象身上發現，他們幾乎都是與你性格迥異的人。安靜的人批評多話的人，活潑的人看不慣內向的人，愛喝酒的人在聚會上認為喝可樂的人最掃興。

不會喝酒就該罵嗎？內向木訥的人就是比人差嗎？大部分的人應該會回答「否」，但現實中這些差異卻被當成嚴重的缺陷或罪狀，尤其在與群眾心理結合的時候，這個現象就會變得更極端。一個多話的人不會批評一個木訥的人，但是十個多話的人聚集在一起時，那個木訥的人很可能變成無辜的眾矢之的。個人擴大成群體時，透過攻擊少數犧牲者來團結內部是一種古今中外普通的現象。

當某人的差異點正好對你不利，那麼他就有可能成為被你批評的對象。但是別人的特殊之處果真會對你不利嗎？一群人都不會喝酒的話，一個不喝酒的人就不會對這群人帶來不便，不是嗎？然而大部分的人卻認為對方身上的差異可能使自己吃虧。這種想法其實是在找藉口。最典型的批評方式就是「你不喝酒，所以場子的氣氛都被你給破壞了」，這是因為不能平白無故批評別人，所以才找個可以合理化的藉口而已。

人通常不會大肆批評別人先天上的差異，但是卻容易被後天產生的差異給激怒。我們不太會因為對方是鬈髮、有色人種、個子太矮而批評他，卻會批評別人的個性古怪。其實個性有很大部分是受到天生氣質以及父母遺傳的基因影響，說它完全是後天養成未免太牽強。也就是說，不會喝酒和容易害羞其實在性質上跟鬈髮沒有太大的差別。我們多數的行為都可以從性格上找到端倪，而性格並非自己可以選擇的。想想看，眾多被批評的理由中，有多少跟所謂的天生性格無關呢？

一個人因為工作能力差而被罵，可能是因為他的大腦活躍度低於其他人，或許他有難以被察覺的輕微ＡＤＨＤ，或是其他注意力集中的問題。難以融入他人的人可能是因為輕微的發展障礙而造成社交能力不足，也說不定他有社交恐懼症等恐慌障礙或妄想性人格障礙。這些都是大腦的問題，不該受到批評，我們反而應該積極去理解、幫助他們。

若有人喜歡在喝酒時笑話別人，你可以好好思考一下被批評對象的缺點會不會只是「差異」的問題。**被批評者也應該了解別人所指責的各個面向，有可能只是我們自己的個性和特質。**

不要罵醜小鴨，因為說不定牠會變天鵝。

相信自己是個還不賴的人

最後還是回歸到自尊心

「世界上沒有完美的人，別人也可能會犯錯。別人的想法有可能跟我不同，但我相信自己是對的。雖然我會因為別人不尊重我而生氣，但我能夠好好控制自己的憤怒。」這樣想可以支持我們不被外在批評打敗。然而萬一這麼想還是不足以說服自己，又該怎麼辦呢？很多時候我們就算腦子相信這句話是對的，但是心裡仍懷有疑惑。為什麼我們不相信自己所認為對的事情？這個矛盾是如何產生的？

想要說服自己去相信所認為對的事，關鍵就在於想法本身有理，並且有自信能實現它。也就是說，我們必須相信「我是個很不錯的人，不論在哪都對得起自己」，一個人要是對自己都沒有信心和信念，要如何相信並實現自己的想法呢？相信自己是個不錯的人就是自尊心的表現。

前面已經提到自尊心的重要性，這裡再次提起是因為在面對批評問題時，**自尊心是最核心的關鍵**。汽車沒有油，車子就不能發動；**自尊心就是讓我們在遭受負面攻擊與批評時啟動防禦機制的能量來源**。沒電時機器就不能啟動，為了抵抗批評，我們的心會啟動一種自身也察覺不到的精密防禦機制，而自尊心就是它的燃料。了解面對批評的具體方法雖然重要，但最關鍵的還是在於準備充足的防禦燃料。你自認為自己是怎樣的人？還不錯？還是沒什麼特色？應該有很多人從來沒思考過這類問題。

我們必須想一想，是否為自己建立信心與信念，去相信自己是個不錯的人。小時候是父母和師長給予我們這些信心，但是隨著年齡增長，這些角色也漸漸消失了。職場上充斥的是競爭而非稱讚，自己的成就不被看重，倒是失誤總被放大觀察。喝酒聚會時，人人都忙著抱怨和強迫別人接受自己的價值觀，哪還有工夫去肯定別人、鼓勵別人？還好回到家還有孩子認為父母親最棒，所以越辛苦的時候越想找孩子陪伴，但是成年人的我們總不能在心理上還倚賴著小孩子吧？

跟自尊心不足的人談話時，我常常建議他們「去問問其他人怎麼想」。只要你不是社會孤立者，相信你一定會有同事或朋友，向他們詢問「我的優點是什麼？我比其他人更出色的地方在哪裡？」將有助於建立自尊心。突如其來的發問可能會讓人錯愕，建議你可以適度地公開自己並請求協助，例如：「我的自尊心低落的問題讓我很困擾。因為無法承受他人的攻擊而影響了日常生活，我希望可以找出一些可以讓我肯定自己的地方，但是自己怎麼想都想不出來。是否能請你幫我呢？」若對方能真正理解你的困擾，相信他不會刻意讚美或說好聽的話。雖然在現實的社會裡，人們不輕易稱讚別人，但只要有困難的人前來求助，大家一定都會認真為你煩惱並給予有益的建議。有時候同事或朋友之類的外人反而比父母更能夠提供客觀的建言。不過如果對方誇獎你，你卻不當一回事地說「唉唷，我哪有」，那之前建立自信的努力都白忙一場了。既然已經向對方求助了，無論如何至少應該相信對方的意見才是。

我們年紀越大，越少有別人能幫我們提升自尊心。有鑒於此，我們必須靠自己去尋找提升自尊心的方法。若以二分法來說明，小時候是包括父母在內的他人幫我們建立自尊心，但長大之後就得踏上靠自己提升自尊心的路。長大成人，在各方面還真是不簡單啊。

人生是建立自尊心的旅程

即使是成年人，在公司被稱讚、被肯定的時候還是會欣喜若狂。或許本來就不常有被稱讚的經驗，當難得被肯定時，那種喜悅就更強烈了。但是我們不可能一直渴望著別人的肯定，而是應該用各種方式自己肯定自己。

大家為什麼去體育館運動呢？可能單純是「為了健康」「為了減肥」，不過再進一步推敲下去，我們減肥和健身其實是為了提升自信。身材苗條比胖嘟嘟的時候做起事來更有自信，健美結實比病懨懨的身體讓我們更覺得心滿意足。這麼做並不單純是為了別人，也不僅是為了讓自己看起來更有魅力，因為外在的自信必須先對自己滿意才會產生。如果自己對自己的身材沒自信，又怎麼能讓別人看起來覺得有魅力呢？

閱讀和學習也是同樣的道理。若單純是為了獲得知識和興趣開始閱讀或學習語言，而不是為了升學求職，你就比較容易感受到自己是個有能力、有內涵的人。就算不是為了展現博學的形象而閱讀，但你所養成的習慣會帶給你更大的自信。從事運動、閱讀等各式各樣的自我提升活動不只能對外展現自己的價值，你也會更加相信自己是個很棒的人。

前面已經說明過「自我存在」會比「尊重自己」更適合用來解讀自尊心的概念。從廣義的角度來看，可以說只要是能感受到自己存在的方法都可以加強自尊心。除了有益健康、提升知識的活動之外，找找看有什麼事情可以讓你感受到自我存在。每個人都有自己適合的方式，有些人很幸運，上班工作就能感受到自我存在；也有些人是在休假時到海邊或寧靜的森林中做日光浴而察覺到自我存在。

退休後繼續找工作的人、常跑圖書館學英語或電腦的家庭主婦，為的都是提升自己的商品價值。有人可能會排斥用商品價值來比喻，換另一個說法形容的話，這些行為其實都是為了感受自己「活著」。隨著年齡增長，讓我們感受自己活著的時間和經驗就越顯得珍貴。通常今天沒意識到自己的存在，明天再想就好，可是時間就會這麼匆匆流逝掉。我們應該多方嘗試去找出什麼能讓我們感到幸福，然而大部分的人卻沒能做到這點，就匆匆結束了一生。

只要一個怠惰，好不容易練出來的肌肉就會鬆弛掉，**自尊心也是一樣需要持續不**

斷被鼓勵的。不可能憑著一種信念就讓我們一輩子有用不完的自尊心。**自尊心會因為負面的對待與批評，以及我們對自己的失望而受傷，必須靠你自己隨時補充。**因此培養自尊心的過程是永無止境的，這也是為什麼我們得時時善待自己、關心自己了。

釋迦牟尼剛出世，踏出七步後說了一句「天上天下，唯我獨尊」。這句話現在常用來指一個人自大狂妄，但實際上應該要解讀為「宇宙之間沒有比我更尊貴的存在」。這句話的意思不是指我是世界上最厲害的人，而是說我很尊貴、你也很尊貴，這塊土地上的世間萬物皆尊貴，因此他人應該尊重我，我們自己也必須尊重自己。我們必須時時記得「天上天下，唯我獨尊」，並且不忘提醒自己的存在有多麼尊貴。

為了接受自己的情緒感受，
最好平常就要練習先確認是自己正在感受。
有太多人其實連自己都不知道自己在想什麼。

Chapter
04

愛人者被愛

當你開始更愛自己一點，
你就能更「從容自在」地多愛別人一點。

獨處讓人變得更完美

不受任何人批評的時間

最後一章我們要探討的是如何累積處理批評的能量——自尊心。有這麼多岔路能讓你感受到自己的存在，你將會選擇哪個方向呢？選什麼都不要緊，但若那件事沒辦法讓你完全專注於自己的感受與想法，就會是徒勞無功。需要什麼樣的環境才能全神貫注呢？你需要擁有能專注於自己、渴望自己獨處的時間。想想看，你過去是不是太依賴人群了呢？

「人是社會動物」這句話都快聽爛了。這句話是說：沒有人能離群索居，雖然大家看似是獨立的個體，但實際上則是過著與他人互動的生活。除了醫院之外，職場上也常常能找到拒絕當社會動物的人，他們被稱為「社會適應不良者」，過著繭居族的生活。看著這些追求孤僻生活而寂寞度日的人，就知道與他人和諧相處在團體生活中有多麼重要。人只要有了心理層面的問題，一定會影響到人際關係。這個世界是用能否融入群體、圓融處世來評斷一個人的特質與能力的，所以人們很重視社會性動物所應有的能力。

不過這個世界上有太多攻擊我們的敵人，而裝作滿不在乎地生活也一點都不輕鬆。有些人覺得與人交往很累，「跟人相處就好像戴著面具，真正的我其實在面具底下。我覺得時時刻刻都得看狀況換上合適的面具實在太累人了」。還有比面具這個比喻更貼切的形容詞嗎？痛苦的是在人類社會中，我們認為善於社交的人，表示他更懂得在不同場合快速地替換上不同的面具。

對一個不管喜不喜歡都得天天見面的人裝親切、裝開心、隱藏自己的真心，這種狀況下你要如何才能感受到「自己的存在」呢？就算你從愛你的人身上獲得許多力量，但這股力量並沒有辦法抵消另一頭消耗型關係所帶來的影響。畢竟比起正面的事情，人不都是比較在意負面的事情嗎？

回想看看，我們過去都認為做什麼事都得跟別人一起才行。美食一定要找伴一起吃、看電影就算不講話，旁邊一定要坐個人才安心。一個人散步很無趣，一個人吃午餐或一個人下班的路上在小攤上喝酒，不知怎的總覺得尷尬。或許是因為別人的眼光，但更主要的原因應該是從前幾乎沒有獨自一人做什麼的經驗，所以才覺得不自在。我們可能根本不曾想過一個人獨處會是什麼樣子，現在光是想像就令人孤獨得害怕。

批評是相對的。你被批評，那就表示一定有人在批評你。人群中有友軍也有敵軍。**假如你逃出了擁擠的人群，或許就失去機會去認識能幫助你的人，但卻也可以躲避批評我們的人。**獨處是一個沒有盟友，也沒有敵人的世界。可以肯定的是，最近有越來越多人積極地追求「一人份」的生活。在一個人的世界裡，我們不用戴面具，也不用為了無意義的抹黑而煩惱。你現在會覺得一個人的旅行、一個人在咖啡廳裡享受獨處時光的人很奇怪嗎？他們並沒有因為孤獨而掙扎，反而積極地享受著獨處的時光，追求與他人相處所沒有的另一種喜悅和快樂。當然我們不必一直活在一個人的世界裡，這個專屬於自己的時間就像是沙漠裡的綠洲，治癒我們在團體中所受的辛勞與疲憊。積極地創造屬於自己的時間，就能感受到「自我存在」。此時，自尊也就出現了。

每個人都需要自己的安慰

只要時間許可，就應該為自己確保一個獨處的空間。在那裡，你可以躲開潛在的批評者，也可以自我審視而不需要考慮別人怎麼看，積極感受自我存在。這是利用獨處時光培養自尊心最理想的方式，但是仍有不少人把自我存在建立在別人身上，最典型的例子就是SNS（譯註：Social Network Site，即社交網站）。

人們透過臉書、推特，三不五時上傳自己的狀態，期待別人的關注。我們希望所謂的「好友」可以看到並且認同我吃了什麼美食、看了多精采的電影。雖然空間轉移到了虛擬的網路世界，但是人們期待被肯定的需求依然存在。在網路世界裡，為的是獲得更多留言和按「讚」來證明自己「確實被肯定」，沒有人純粹為了享受專屬自己的空間才使用SNS。SNS赤裸裸地呈現了現代人過度依賴他人提供快樂的現象。在這樣的世界裡，我們只能靠別人來提升自己的存在感。小時候靠父母與師長肯定我們，現在則靠智慧型手機裡的朋友了。

有了網路世界，人們開發出更能夠找到對象來肯定自己的方法，但是這樣的發展已經達到界限了。越來越多人對網路上眾多的好友關係感到疲憊，甚至有報導指出越常使用SNS，越容易感到沮喪或空虛。奧地利茵斯堡大學所發表的實驗結果就可以支持這個現象。他們把三百位實驗參與者分成三個組別，讓A組使用SNS二十分鐘，B組則使用封鎖了SNS的網路，C組則什麼事都不做。結果相較於B、C兩組，A組更傾向「覺得很浪費時間，心情沮喪」。許多人希望在SNS上找到存在感和幸福，但是它終究無法導出正面的結果。一大早起床馬上確認SNS上的留言，要是沒人回覆，心情頓時就陷入低潮的現象實在不合乎自然。

靠自己獲得的存在感和幸福一定會比靠他人還來得長久穩定。最常見的夫妻幸福祕訣就是「我自己得先幸福，另一半才能幸福」。伴侶雖是家人，但嚴格來看依然是他人。伴侶可以說是最重要的「他人」，如果一味地向他人討幸福，有可能與伴侶維持良好的關係嗎？與他人是否幸福的先決條件是我自己是否幸福，因此**我們必須先讓自己持續感到幸福才對。**

這讓我想起某位來談者的故事。

「這件事發生在下班後我搭著地鐵回家的時候。那天我累得像條狗，如往常般筋疲力竭。此時地鐵正經過漢江的橋上，因為是夏天，太陽比較晚下山，晚上八點左右天空仍舊像白天一樣。世界被夕陽染成一片紅，看起來真是美極了。正好耳機裡的廣播傳來我喜歡的歌，真的十分恰巧。視覺與聽覺搭配得完美無缺，有種令人感動鼻酸又奧妙的感覺。不過這種感覺很陌生。我心想『我有多久沒有這種感受了呢？』才為自己感到可悲，一方面又很感動。」

這種感受不就是只有獨處時才能享有的自我存在感嗎？

心血來潮爬到頂樓賞月、開車時廣播傳來你最愛的歌並且跟著一起唱、在附近的圖書館找一本舊小說來讀、繞著住家附近快跑到氣喘吁吁、靜靜地聽著身體和心臟向自己傳遞的聲音……靠自己建立自我存在感的第一步或許就在唾手可得之處。

我在，世界才存在

我現在是誰？

「我每天都在想些什麼？我現在是什麼感覺？」你最近可曾問自己這些問題呢？面對桌上堆積如山的文件，看著在家裡等著我們處理的信用卡帳單，坐在至少能使我們放鬆的電視跟電腦前，到底什麼時候我們才會把雷達轉向自己呢？你真正想要的是什麼？你喜歡什麼？

希望各位想想看自己曾認真煩惱過的經驗是發生在什麼時候？我想大概都會追溯到學生時期。因為那是一個必須決定考哪所大學、填哪個科系等人生重要課題的時期。大部分的人都會自我審視，思考自己對什麼有興趣、專長在哪。當然一定有人礙於現實狀況而選擇了異於自己所想的路，但能夠在人生的重要岔路上審視自己就是一件有意義的事。上了大學之後，有很長的一段時間只顧著玩樂和讀書，直到要畢業前夕才開始因求職而為自己的興趣與人生方向苦惱。問自己該選擇做喜歡的事，還是過一個不太需要為錢煩惱的人生，就是一個很深入的自我審視。戀愛也是如此。有哪個時期會像戀愛那麼樣地深入觀察自己的感覺呢？人必須最真誠面對愛與悸動、失望與憤怒、自在與侮蔑等感受之後，才會決定步入婚姻。

經歷以上所有自我審視的過程之後，我們變得如何？我們變得只要有工作就謝天謝地，而那些不滿、抱怨、自己真正想要的東西全都被埋在心底，一心一意只想把眼前的工作任務完成。我們剩下短暫的下午茶和抽菸時間來清醒一下腦袋，不然就是煩惱要如何把尚未解決的案子延期。那家庭呢？每天早上忙著送孩子上學，白天夫妻倆各自在公司、家中孤軍奮鬥，回到家還要準備孩子的晚餐、哄孩子睡覺，然後一天就這樣過去了。第二天又重複著前一天的模式。職業婦女要兼顧職場和家庭，她們的辛勞可想而知。

進入社會後，人們最常啟動的心理機制之一就是「合理化」，例如「大家都是這樣過日子的，我這樣不算什麼」「離開這裡只會更辛苦，就先忍耐吧」等。不論身在職場還是家庭，我們都持續地對自己洗腦，不斷地合理化。好比《伊索寓言》中〈狐狸與酸葡萄〉的故事，狐狸想吃葡萄卻吃不到，不就嫌棄葡萄太酸不想吃，合理化自己吃不到的處境嗎？狐狸想吃的那串葡萄就像是我們心底隱藏的想望與慾求。問題是我們卻死命地不去想它，合理化自己的放棄。我們應該要尊重想吃葡萄的慾望，但是什麼原因讓我們總是壓抑著自己的想望呢？

人們完成人生中重要的決策後，例如考上大學或找到工作時，就會希望將來不再發生更大的事件，所以比起「冒險」，人們更希望「維持現狀」。維持現狀不需要決斷或自我審視，只要照著別人給的時間表生活就好了。維持工作、維持家庭是出社會後最大的任務。某方面來看，成年人對自我的審視不足，也可以說是環境造成的。要是這個世界上只要自己想要就可以換工作、每個人都有餘裕考量條件與興趣之間的取捨，說不定我們就能隨時自我審視。然而不幸的是，對大部分的人來說並沒有這份餘裕。

當年紀老大不小的人決定去冒險，例如某天突然無預警地離職去背包旅行、即使未來充滿不確定性仍辭掉穩定工作去創業、為了真愛而離開原本的家庭，你看他們的周遭都投以什麼樣的目光呢？周遭人的反應呈現出大人社會其實是一個「維持現狀」

的社會。雖然社會已經改變，很多人或許會說他們很瀟灑、令人羨慕，並予以祝福，但是祝福背後也隱藏著對他們輕率、不成熟、不負責任的批評。或許令人最羨慕的其實是下此決定的「勇氣」吧？

我並不是要擁護或反駁那些脫離穩定人生軌道的人，只是很佩服他們能做出這樣的人生重大決定，一定花了很多時間審視自己的人生與想望。比起最後做出的決定，更重要的是經歷了自我審視的過程。經過深度的審視後，你有可能做出顛覆現有人生的決定，也有可能決定繼續維持現狀。就算周遭所有人都說一切都已太遲，只要你心有餘力和動力進行自我審視，那麼你的審視就是有意義的，值得被尊重。

被埋在角色之下的自己

生活就是忙著不斷合理化以維持現狀，就像是巨大機械裡的一個小小齒輪。當齒輪只顧著自己的想法時，齒輪就會岔開軌道，使得機器無法再繼續運轉。我們現在的樣子就像是為使機器運作順利而在已決定好的位置上，只顧著默默轉動的齒輪。長大之後，我們被更沉重的角色壓到喘不過氣來。

人被賦予許許多多的角色：公司的重要員工、家庭的經濟支柱、孩子的監護人等。光是把這些角色扮演好，恐怕一生的時間都不夠用。出社會後我們一心一意想做好被賦予的角色，認為為此付出一天的分分秒秒是理所當然。就像軍歌那句「圓滿達成今日任務……」（譯註：韓國軍歌，通常在達成目標帶著滿滿收穫歸來，或者結束一天的辛勞時會用這句歌詞來表達自己的心情。），我們的人生價值都取決於是否完成了當日的責任。要是我無法扮演好勤奮的齒輪，那麼機器就會停止運轉。

問題在於完全埋首於責任時，連真正為自己思考的時間也跟著沒有了。在大人的世界中，只有犧牲自己為周遭的人謀幸福才能被肯定是負責任。雖然我們不該變成像彼得潘那樣的大人，只為追逐自己的夢想而拋棄所有的責任，但是你應該想想看自己是否活在一個不容許稍稍脫離正軌的人生中？我不是要你離職，更不是勸你放棄家庭，而是在責任的縫隙中，找到可以自我審視的時間與心靈上的餘裕，即使是一點點也好。在責任中，我們要如何才能感受到「自我存在」？

還記得小時候曾經畫過生活計畫表。依照每個小時要做的事情把一個大圓切成好幾份，很快地圓就被填滿了。現在試試看畫出一天的作息表吧！各種目標把圓都填滿了，有多少時間是純粹留給自己的？除了人擠人又長時間的通勤期間、腦袋停止理性思考的睡眠時間之外，還有多少時間是專屬於自己的？你是否有剎那的時間誠實面對自己的感受與想法？還是你把這些可用的時間都獻給了電視劇或綜藝節目了呢？甚至連小孩子的生活作息表中都還有打球或跟朋友玩的時間，而我們呢？我們應該想一想自己的生活是不是太可悲了。

有句話說，人被大自然懷抱。我們面對雄偉壯麗的山川，自然會感嘆這寬廣的世界裡自己的存在有多麼微不足道、自己不過是個渺小的人物罷了。攀上智異山（譯註：南韓最高峰，高約一九一六公尺。）頂峰向下眺望，大概會覺得浩瀚的大自然裡，我只不過是滄海一粟。但實際上卻恰恰相反。要是沒有我眺望這宏偉的山川而感動，一切都只是無意義的。因為有我讚嘆景色的美麗與壯闊，天下絕景才會是天下絕景，景色本身並不具有意義。我們也不是為了感受自己的渺小才去旅行的。美景有了我們的觀賞才有身為美景的意義，旅行或大自然是因為我在其中感受到平常責任裡所沒有的想法和感受，因此才有了意義。

就像金春洙的詩作〈花〉裡面寫道，在我喚它的名字之前，天下絕景也不過是個形態罷了。無論是大自然乃至我身邊的所有事物，叫喚它們的人是我。因為有我，我的世界才有意義。

然而我們是否審視過如此重要的自己呢？

為了讓世界這個巨大的系統持續運轉，
所有人都得負起身為齒輪的責任。
然而我們不能忘記在齒輪之前
「以我為名而存在的自己」。

讓內心多一點自己

P副理平時看起來對每件事都興趣缺缺，他不太參與別人的話題，給人不屑一顧的自傲感。但是只要講到孩子，他整個人就變了。他對孩子的一舉手一投足掌握得清清楚楚，而且簡直是子女教育問題的專家。要是孩子得了什麼獎，他大概可以炫耀一整個星期。公司聚會上常常發生氣氛正好的時候，他卻又提到孩子的話題而破壞了聊天的脈絡。聽到他開始滔滔不絕地講著「昨天我孩子又如何了」，大家不禁心想，這個人除了孩子之外難道沒有其他關心的事情了嗎？

把幸福全寄託在孩子身上的大人們

有很多人從不花時間審視自己。有些人認為大人最應該做到的是「犧牲」，所以為了家庭而捨棄自己的幸福才是大人該做的選擇。他們認為家人再怎麼說都是自己人，因此願意犧牲自己為「另一個自己」謀幸福。以孩子為中心的父母親可說是這類型人的最佳範例。

無論是人還是動物，身為父母，很自然地會照顧孩子。保護孩子、巴不得替孩子受苦的心情，天下父母都是一樣的。沒有人能批評一個人愛孩子、照顧孩子不對。有些父母把孩子照顧得無微不至，有些人給予孩子足夠的自由。有人直到孩子成年後還想為他把屎把尿，也有些人從小就逼孩子向懸崖跳下學習展翅飛翔，以教導他如何獨立自主。養育之道有標準對錯嗎？無論是用什麼方法教育孩子，我們都應該予以尊重。只是我想強調的是，能不能至少把對孩子十分之一的心力花在自己身上？

餵孩子吃飯的時候，也不該自己餓肚子吧？趁孩子咀嚼的空檔，自己也要記得塞幾口飯來吃，這樣才能有足夠的體力做事。無論你是否把孩子呵護得無微不至，你都必須照顧好自己的三餐。我們總不能期待孩子知道「我這麼照顧你，你也要為我著想」，我們自己就該多關心自己一點。然而實際上對許多人而言，就算把父母拋諸腦後，只要把自己的孩子照料好，他的人生就算值得了。常聽到有人對孩子說「我看你吃就不餓了，我不吃沒關係」，可是我們真的光看孩子吃飯就能生存嗎？這樣就能果腹嗎？

「一切以孩子為重」的現象大概已經是韓國的風俗了。如果說上一代是以子女出人頭地為人生目標，此話可是一點都不誇張。他們寧願自己餓，也要給孩子溫飽。在韓國的社會，欠債送孩子去念大學被視為稀鬆平常的事。子女不過獲得了小小的成就，許多父母就像此生終於有回報般的喜悅。他們在SNS上炫耀孩子比賽得獎的消息，甚至鄰居大嬸誇獎女兒長得漂亮，也要發佈到塗鴉牆上炫耀一番。SNS對某些人來說幾乎是介紹子女的舞台。塗鴉牆上面沒有任何關於自己的內容，全部都是子女的消息。例如給他們吃了什麼、去了哪裡、做了什麼可愛的行為，而自己卻像是躲在孩子後面的透明人。

不要像傻子一樣寵膩孩子嗎？不要像呆子般到處誇獎子女嗎？只要是做父母的，沒有人不想炫耀自己的寶貝兒女。但是時代正在改變，人們不再把祖父母、父母那一輩一味的犧牲視為理所當然。近年來有許多父母希望擁有自己的自由和權利。你要怎麼決定並沒有標準對錯，不過從心理學的觀點來看，懂得適度為自己著想的父母看起來更健康，因為他們並沒有把人生的意義以及自我存在的價值寄託在孩子身上。

即使你把人生的意義全寄託在子女的成功上，並不能保證你的孩子就能夠照預期成熟長大，小有成就。而且當他們失敗時，你更會顯得驚慌失措。父母的角色本來應該在孩子失敗時給他們擁抱與安慰，並且毅然地面對失敗，成為孩子的榜樣才對。如果父母像是共生共存的共同體一樣，跟著子女一起受影響、一起為挫敗難過，腦袋一片混亂什麼事都做不了，又怎麼能幫助孩子呢？再加上子女長大之後自然在心理層面上想要與父母分離，要是父母把人生的意義都寄託在子女身上，就沒辦法和子女自然地分離了。當承載著你人生意義的子女準備離開家去經營另一半生活圈時，你又該如何承受呢？

我不是要你對孩子不負責任，只是希望你能夠把對子女的愛挪一些到自己身上，即便是一點點也好。孩子本來就很可愛，你並不需要非得向別人說明孩子有多可愛。偶爾也在SNS上發佈有關自己的事情吧！例如和丈夫去了美食餐廳、公司聚餐上聽到的有趣故事等。我們在聚會時難道不該多聊些「我跟你說，最近有件事情很有趣」嗎？

我們對孩子的愛不該是「強烈又急切」的愛。**當你開始更愛自己一點，你就能更「從容自在」地愛子女多一點。**我們應該反省是否過度將自己的幸福寄託在子女身上了呢？

智慧的世界是靈魂裡的陷阱

就算你開始能從容自在地養育子女了，你擁有的空閒時間也不會全都投資在自己身上。因為有越來越多的外部刺激把好不容易擠出來的空閒都給剝奪去了。我們只要有空就盯著智慧型手機一邊打字聊天，網路上到處都找得到網路漫畫與影片，因此我們的空閒時間通常都被外部刺激所占據，而且我們還認為這些刺激可以排解壓力。

以前沒有網路和線上遊戲，我們是如何過日子的呢？我們又是如何度過閒閒無事的週末，以及夜晚那段漫長的無聊？現在隨時隨地都有網路可用，再也沒有發呆或無聊的空檔了。現在在地鐵除了沒有智慧型手機的少數年長者之外，幾乎找不到坐著發呆或是打瞌睡的人了。我們再也不需要尷尬地看著座位對面的人，因為只要低下頭來，就可以栽進不受任何人打擾的智慧世界。

一定會有人反駁地問，智慧的世界減少時間的浪費，世界不是變得更好了嗎？與其放空打瞌睡，把時間拿去看電影或上網看新聞不是更好嗎？難道在科技尖端的時代，我們還得像石器時代的原始人般生活不可嗎？比起發呆和打瞌睡，上班族在通勤時間和朋友傳訊息或上網，不是更能消除一天的疲勞嗎？

以前坐公車或地鐵時，我常常會望著窗外的風景或觀察形形色色的人，不經意地回憶起某些人。這有點像是在沒有任何刺激和壓迫的空白時間裡，我的心被自動啟動的感覺。當外在事物消失時，自己內心的想法和情感也就湧現出來了。在類比世界中，大部分的人都是這樣的。在沒有手機的時代，人們寫信。至少在過去我們曾經一句句絞盡腦汁想著要怎麼下筆，握筆寫字的手把刺激傳送給大腦，使手和大腦變得更活躍。

但是現在的時代不同了。我們的周遭充滿無數的刺激，外在世界沒有任何留白空間，於是乎我們內心被啟動的機會也被剝奪了。在留白的空間裡，就算我身上顏色不夠鮮豔，還是可以表現出存在感，但是現在我們周遭有太多絢爛華麗的色彩，所以即使自己素一點也無所謂了。在充滿刺激的世界，我們的心只要負責決定哪些資訊要接收、哪些要拒絕，然後盡情享受所接收的資訊就好，不需要深度的思考。

當然我們不能否認世界上還是有許多正面的刺激可以增加我們感受自我的機會，但通常人寧願選擇更方便、更不傷腦筋、快樂有趣的東西。太認真嚴肅的東西被認為是無聊、麻煩、標新立異。這就像我們去看電影都想看打打殺殺的好萊塢大片，不會想花同樣的錢去看會頭痛的藝術電影。韓國人不看書已經不是什麼新鮮事了，這就是身為科技強國的我們所支付的昂貴代價。

或許有人會問：「看電視劇或電影而感到有趣和感動，不就是自我存在嗎？」這的確有道理，不過問題是我們太容易仰賴外在提供情感刺激，而這種刺激的最低作用需求將會不斷增加，導致不夠刺激的事物就不再能令我們興奮了。我們可能只會用「落淚」程度的語言來表達自己的感動。但是我們是基於什麼樣的感受而落淚的？是感動？惻隱之心？可憐？悲傷？大家把重點放在落淚上，卻不去思考使我們落淚的情感是什麼。自我存在最關鍵的其實是感受的本質。

我不是要你拒絕智慧的世界，它的確使我們的社會變得更好、更豐富。只是千萬別只盯著手機看，偶爾也望望窗外的景色，或是讀一本書吧！看書的時候若出現不了解的單字或人物，我們馬上就可以上網查詢，你說這是多棒的世界啊！我們應該盡情享受智慧世界的便利，也要偶爾徜徉在過去時代的留白之美，讓類比與數位適度調和。

接受內心的感受

偶爾憂鬱又何妨

近年來社會似乎要向精神障礙之一的憂鬱症發動全面抗戰。輿論到處談論著「全世界有四分之一人口感到憂鬱」「更憂鬱、更抓狂的社會」。為了預防員工憂鬱，大大小小的公司都舉辦了各式各樣的活動和紓壓的教育訓練。人們對憂鬱症無不聞之色變，過度緊張。

然而要是一個人在任何狀況下都不會感到憂鬱，那他真的能稱為人嗎？如果工作量過度、壓力太大、人際關係緊張卻依舊不覺得憂鬱，那他還是個有血有肉的人嗎？你可能會覺得他就像個冰冷的機器人吧？環境因素也好，天生個性也好，只要是人都會感到憂鬱。把憂鬱當成嚴重的問題看待是欠妥的，我們必須好好地了解並接受「憂鬱」。

首先最重要的是學**會分辨「憂鬱感」與「憂鬱症」**。因公司壓力產生的情緒屬於憂鬱感，但還稱不上是憂鬱症。許多人會自己上網搜尋憂鬱症的特徵，發現有幾項符合就懷疑得了憂鬱症，誤以為自己是憂鬱症患者。其實憂鬱症診斷有個最重要的指標，就是是否「在社會、工作、其他重要機能領域中出現嚴重的痛苦或障礙」。這是根據美國精神醫學學會（APA）的精神疾病診斷與統計手冊（DSM，Diagnostic and Statistical Manual of Mental Disorders）的內容，簡單來說就是你所感到的憂鬱情緒必須在工作或家庭等日常生活中帶來嚴重的障礙，才能稱之為「憂鬱症」。

無論你是接受專家的協助，還是靠自己鑑別憂鬱狀態，都必須了解沒有人願意把一個好好的人逼成病人。身體不舒服會使人憂鬱，經濟上遭遇損失、親人離世都會讓我們陷入巨大的憂鬱。憂鬱就存在於日常，不該把所有的憂鬱當成敵人或極欲擺脫的對象。雖然不能肯定動物是否有具體的憂鬱情緒，但對於人類而言，憂鬱確實是我們主要的感受之一。

另外，憂鬱也是我們向自己發送的「SOS信號」。當我們身體不舒服、被工作操到筋疲力盡的時候，我們會覺得憂鬱，並且向自己發送「我累了」的信號。憂鬱就是精力消耗殆盡時對自己傳送「需要幫助、需要改善」的訊息。累了、遇到困境卻不覺得憂鬱，那麼要怎麼知道自己需要休息和幫助呢？搞不好你會像吹氣過飽而飄向空中又爆破的氣球，某一天突然就崩潰了。有許多自殺者平常幾乎對自己的憂鬱、痛苦隻字不提。要是他們能夠向他人傾訴，或許就能得到及時的幫助。在醫院裡，病人如果會把「我感到憂鬱」說出來是比較容易治療的，但若遇到患者說「我不知道有沒有憂鬱，我沒有感覺」，就較為棘手了。憂鬱就像是我們身體裡的「情緒感應器」。

有個有趣的研究發現，憂鬱有助於人類生存。美國的知名科普雜誌《科學人》（Scientific American）發表了保羅・安德魯斯（Paul W. Andrews）與J安德森・湯森（J. Anderson Thomson）的文章〈憂鬱症的追本溯源〉（Depression's Evolutionary Roots），他們認為從進化的角度來看，憂鬱在某方面是有益的，它可以排除周遭其他的刺激，讓我們專注於問題本身，並強化分析思考以提升解決問題的能力。簡單來說，憂鬱因為對人類有其助益，所以經歷數萬年的演化依舊沒有消失，持續留存在人類的身上。

其實沒有人希望自己憂鬱，憂鬱、不安、憤怒等情緒被稱為負面情緒，沒有人想要帶有負面的情緒。然而這個世界上沒有人能夠少了這些負面情緒而活。想一想，誰的人生沒有痛苦？說不定就是因為這些負面情緒，我們才更能感受並且珍惜快樂與歡喜等正面情緒。這就像是要踩過地雷，才更吃得出好餐廳的美味；看過爛電影，好電影的樂趣才會翻倍。

因此我們**不需要對憂鬱過度反應**。只要不是「憂鬱症」，而是「憂鬱感」的前提之下，憂鬱也是珍貴的感受之一。憂鬱讓我們知道自己活著，是向自己發送「原來我累了，原來有地方需要改變了，原來我得找人協助了」的內部訊號。許多藝術家都說憂鬱讓他們創作出名畫、名曲。說不定憂鬱也代表著你的大腦正在活躍地思考呢！

善感之旅

你聽過別人說「我今天情緒敏感」嗎？「情緒敏感」是在比喻一個人「善感」。看著下雨天的窗外、觀賞令人感動鼻酸的電影，我們會說自己「情緒敏感」。聽起來不像是正面情緒，甚至有時候感覺像是「憂鬱」，但其實善感和憂鬱之間有著相當大的差別。善感包含了憂鬱，除此之外還有孤獨、寂寞、悠閒、感動、寧靜、難過等各種情緒，全都囊括在善感這個概念中。

善感就像是各種情緒的吃到飽餐廳，這種感受性豐富的狀態在提升自我存在感上扮演著重要的角色，它是中立的感情，不屬於正面或負面。許多情緒如快樂與悲傷被二分法歸類，我們大部分的時間都活在這種黑白分明的情感狀態中，因此像善感這樣灰色的感受無疑是稀少又有價值的。處於平常不容易擁有的情感狀態時，我們更能確實地感受到自己活著。

許多人提倡要「找出生活中的感動與讚嘆」，但實踐起來卻不容易。在單調的一天裡，有多少值得讚嘆與感動的事情呢？我們在職場、家庭中其實很難找到大家所提倡的「生活中的小感動」。雖然父母試圖在孩子身上找到讚嘆和感動，沒有小孩的人則想從興趣或其他活動裡尋求感動的機會，但是都不容易達成。相較於讚嘆和感動，有個不那麼特別、比較容易上手的感受，那就是「善感」。

啜飲一杯酒，一邊聽充滿回憶的老歌，或者露營時望著夜空上那未知的另一個世界，你有什麼樣的感受呢？好像某個遺忘許久的記憶又浮現了，是一種忙碌的日常生活中少有的感受，這種感受不同於父母親看著搖籃裡的孩子而感到的幸福與滿足。**善感最能讓我們感到「自己活著」。**善感的音樂、善感的景色、善感的回憶讓我們濕潤了雙眼，它比任何情感都更能讓我們專注在自己內心的狀態。

或許我們去旅行的目的就是為了感受自己的善感。旅行一趟回來，什麼是最令你印象深刻的時刻？比起吃喝玩樂，你可能更記得的是安靜悠閒的小片刻。可能是觀賞海邊的夕陽一邊喝著雞尾酒，或是登上高峰讓熾熱的太陽迎面逼近。此刻的感受就好像自己被淨化、被治癒了。或許就是因為平常我們很難得有這樣的感受，所以才不惜鑽進阻塞的交通道路，背著昂貴的裝備出門旅行。

雖然善感沒有到讚嘆和感動的地步，但卻比較接近生活，對我們有更重要的意義。你不一定非得出門旅行，只要看一本書或聽一首曲子也足夠。**只要你願意投入一點時間，減少一點睡眠，就可以享受善感的時光。**若在這短短的時間裡也能感受到自己活著，那它的價值就遠遠超越幾個小時的睡眠時間了。如果有人已經習慣找出日常生活中善感的片刻，那麼我相信他的人生一定會很幸福。

充實靈魂的自得其樂指南

小時候遇到人總是問：「你的興趣是什麼？」而現在則比較常說：「你都怎麼排解壓力？」隨著年齡增長，我們與人相處時問問題的方式也變了，不過這兩種問法其實意義相似。它們都是了解一個人如何解決問題的好疑問。我想再問你一次，「你會做什麼來感受自己活著」？現在我們必須跳脫如何排解壓力的消極意義，積極去做能讓我們感覺自己活著、自己在呼吸的事情。不是生病了才吃藥，而是在生病之前先把身體照顧得健健康康。以下介紹幾個感受自我存在的主要方式。

一本書和一首歌的奇蹟

有種活動完全不需要別人幫忙，別人在旁邊反而會帶來妨礙，但卻是最能深刻體驗他人人生的方式。有時候它會帶給你許多知識，有時候它會送給你所有情感經驗的集合。它雖然是靜態的、寧靜的，卻會震盪我們的大腦和內心。這個活動就是閱讀。閱讀是最不需要特別空間，也不需要任何人協助的感受自我存在的活動。

曾經有一段時期，閱讀是人生的目的。從前我們的祖先並不是單單為了出人頭地而讀書，他們閱讀的主要目的是想從書中獲取知識和寶貴的人生道理，在讀書和學習之中找尋人生的樂趣。但是現在我們認為讀書理所當然是為了進入好大學、好科系。

現在的人好不容易逃離競爭激烈、令人喘不過氣的求學時期，之後對書都有很強烈的抗拒感。只要想到書，就很自然地聯想到參考書、教科書；想到閱讀，就會浮現以前熬夜背書的日子。韓國人不願閱讀的原因，或許有很大的可能是因為求學時期的創傷。當時得不到閱讀的樂趣，再加上閱讀變成了保障將來而必須盡的義務，因此只要看到書就覺得神經緊繃。與其看書，還寧願看電影或網路漫畫。

然而現在我們必須揮別學生時期的噩夢，用全新的觀點來看閱讀。書不再是教科書，而是帶給我們快樂的感動報告。書並沒有所謂好書應該有的條件和規則，但人們還是傾向只看所謂有幫助的書。從這點可以發覺我們依舊把書當成是教科書來看，仍認為書只是學習的工具。如果不是因為「想看」而看書，而是因為「得看」才看，那麼就不可能透過書本感受到活著的意義。

若想藉由閱讀感受自我存在，那就必須先用新的觀點來看待閱讀。你應該在閱讀的過程中尋求快樂和平靜。書本身的內容好壞並不重要，重要的是擁有一段坐在一張舒服的椅子上啜飲著茶，專心閱讀的時光。閱讀本身就是一種儀式，它的價值不在於一本書裡，而是在於閱讀本身所有的行為上。即使在安靜的空間翻閱紙張的聲音也是閱讀其中的一部分。

我們不必像古時候的讀書人執著於書中內容，也不必一邊念《論語》《孟子》，一邊崇仰古聖先賢。我們可以閱讀人文學書籍，在學習的過程中享受大腦更有料的快樂。閱讀小說讓我們借由人物的處境來體驗所有正面與負面的情緒。不論是感受快樂、不安、激動、焦慮、絕望、空虛等情緒或是學習知識，任何的閱讀方式都能刺激我們的大腦和心智。

在沙灘上大家都在戲水玩樂，但有些人卻拿本書閒適地閱讀。如果你不認為書本身是種樂趣，那你一定無法理解這些人的行為。當我們在閱讀上加諸了特定的目的時，閱讀就不再是自我存在的活動。閱讀這個行為本身就應該是目的。只有不帶任何目的所看的書，才能帶給我們陶醉其中的體驗。

聽音樂也是一樣。人們常以為聽音樂只會有開心或難過的感覺，但其實不只如此。音樂的確能刺激掌管情緒的邊緣系統，引發各種情緒產生。在我們欣賞音樂的旋律、感受複雜的音色時，大腦皮質底下的各個部位也會受到刺激。大腦科學中已經證實，音樂跟閱讀一樣可以刺激大腦的情感中樞和認知中樞。

愉快的節奏、美麗的旋律都可以為人們帶來許許多多的感受，音樂還能勾起我們過去的回憶。這些過去的記憶形塑了現在的我，透過各種情感又再次讓我們重溫回味，這樣的自我存在經驗很難在其他活動上體驗得到。古典樂也好，傳統流行音樂、舞曲都好，不管是透過節奏、旋律還是回憶，只要能讓我覺醒，就是最棒的音樂。

無論是閱讀、聽音樂、運動，
我們都應該享受獨處的時光來感受自己活著。

運動不只是為了健身

除了閱讀之外，我們也要用全新的觀點來看待運動。人們運動不外乎為了健康、減肥、鍛鍊肌肉，不論基於什麼原因，我們都帶著明確的目標。如果沒有目標，就沒辦法忍受辛苦的過程以及全身痠痛。

許多報導和言論都鼓勵人們多運動，大張旗鼓地宣揚運動的好處。運動可以預防慢性病、管理壓力、延長睡眠等數不清非運動不可的理由。精神科方面來看，運動可以穩定情緒，有預防和治療憂鬱的效果。運動對於輕度憂鬱症來說，有著幾乎等同藥物治療的效用，而且在憂鬱症恢復後，若能持續運動還能預防復發。另外，因為運動能治療人的心理狀態，有許多重度憂鬱症或酒精上癮者透過積極的運動而獲得治癒，並擁有人人稱羨的好身材。無論是內科、外科、精神科，運動的好處真的是說也說不完。

現在我想建議大家以感受自己活著的角度開始運動。透過運動本身去感受自己的存在，而不要期待運動會帶來什麼樣的好處。去感受奔跑時心臟怦怦跳的聲音、重量訓練時每寸肌肉被刺激而痠痛的感覺。如果說閱讀或音樂可以刺激我們的大腦，那麼運動則可以刺激人的骨骼、肌肉和心臟。平時我們幾乎不會感覺到自己的骨骼移動和心臟脈動，因為我們認為它們理所當然會自主地運作，而且一定得運作我們才能活下去。積極的自我覺察方式就是用人為的方式去刺激它們，感受心臟與骨骼的運作。

其實運動就是用身體確認自己活著的過程。奔跑後心臟雖然快從嘴裡跳出來，但那種感受也正是身體告訴我們活著的信號。舉完啞鈴或舉重後雖然全身痠痛不堪，但痠痛能鍛鍊我們，讓我們更清醒。肌肉骨骼變得健壯證明自己正在不斷地進步，而不斷進步也就證明了自己活著。強身健體是感受自我存在的過程，運動讓我們透過身體的強健以證實越來越強烈的自我存在感，這無疑是一石二鳥的好方法。

在人生中的痛苦時刻透過運動熬過自殺衝動和憂鬱的人們，他們單純是因為想要變健康而熱中於運動的嗎？我想可能的原因是他們在運動中找到了人生的意義。人生對他們而言曾經是沒有意義、沒有目標的延續，但借由運動他們找到了新的意義：我活著，以後也要繼續活著。他們過去試過了藥物、諮商乃至閱讀都沒辦法喚起人生的意義，居然能在運動中發掘到，運動真的是一件很了不起的事。

享受閱讀本身才能體會單純的快樂，唯有不對運動有任何期待的前提下，你才能找到運動的意義以及自我存在。試試看輕輕漫步時腳底接觸地面的感覺，感受午休時間在公司附近走著，陽光與微風拂過全身的感覺吧！從專注於身體感覺的層面來看，這種微幅的身體動作都可以當成運動。輕度有輕度的方式，激烈也有激烈的方式，只有我們的身體在動的時候才能感受到自己活著。

找到受傷的勇氣

解答在於自己，而非別人

如果我們只想從外在尋找應對批評的方法，就無法擺脫批評所造成的傷口與痛苦。就算把自己改變成別人所期待的模樣，他們依然會看我們不順眼，更讓原本愛我們的人無法適應這樣的改變。配合他人的喜好改變自己，對我們本身是毫無幫助的。與其輕率地接受外在批評，更好的方式是改變應對批評的方式。

我們必須適度地抵抗無憑無據的批評與人身攻擊，偶爾要懂得無視它們。當然並不是你現在下定決心馬上就可以做得到，既然已經被批評所傷，執行新的計畫一定是心有餘而力不足。因此你必須培養好心的力量，相信自己「我沒有錯」「我也有被尊重的價值」。當你建立好這個信念之後，你才有能量不去在意批評以及抵抗批評。

詢問那些逃出了痛苦的批評深淵，享受今日光明的人，他們都有以下這些共同點：

1. 如今已經不太會去在意別人的批評了。為什麼？我也不太清楚。
2. 然而原本批評我的人的態度並沒有明顯改變，而環境也沒有改變。
3. 我已經不像以前那樣膽小、不安了，因此能夠充滿自信地與人交往，也更能勇敢地提出自己的主張。

這些人都沒有改變別人，而是改變自己，培養出能夠適應原本環境的力量。**最關鍵的鑰匙是我們自己的力量，而這股力量就是所謂的自尊心。**自尊心是相信自己不應該被人看低、被人瞧不起，並且擁有自己應該受尊重的自覺。自尊之路既險且長，要能夠尊重自己，在廣義的自尊來看，我們必須先感受到自己的存在。當我們越常感受自我存在，也就更有機會踏上自我尊重的道路。

批評就像無可預測的災難一樣，隨時隨地都可能會發生，並不會因為年齡增長、在職場上的年資累積而消失，因此我們必須做好防範準備。過去就讓它過去吧！光是對付未來會遇到的外部攻擊，時間就已經不夠用了。我們應該搭建好堅固的防禦陣地保護自己，不能時時和別人吵架、起衝突，畢竟有許多人是沒辦法用常識以及平和的方式好好跟他對話的。因此我們不能只懂得拿刀揮砍，還要準備好對策，以應付我們能力不足以對抗的批評者，因為通常折磨我們的人大部分的力量都比我們強上許多。

再回頭看看前面那些脫離批評深淵的人所說的話，有個地方值得我們留意。他們並沒有說「對方對我改觀了」或是「我鬥贏他了」，反而是「現在我已經不在意了」才是最有代表性的恢復跡象。因為他相信自己是個很不錯的人。雖然還是有很多人尚未建立起自尊，但建立自尊的過程還沒有結束，反而是當你自覺為時已晚的時候，才是建立自尊最快的方法。

寂寞，是建立自尊的最佳機會

為了踏上自我尊重的自尊之路，我們需要注意些什麼呢？

最重要的是，**讓過去的成為過去**。你的自尊心並不是既定的事實。希望你不要埋怨自己為什麼有這樣的父母、生在這樣的環境，也不要把自尊心不足當作是一種不變的命運。一個人的自尊並不是被環境決定的。你的錯誤、缺點都是過去為了度過困苦時期而不得不做出的選擇而已。現在的你不會因為抱怨父母、環境而獲得任何幫助。你應該安慰自己「我辛苦熬過來了」「我好好地走到現在了」。

我們要學習不被日常生活的事物給淹沒，就算是疲勞、辛苦的一天，也要擁有獨自沉思的時間。回顧你的一天，你不該什麼都想不起來，卻只記得被工作埋沒。笛卡爾不是有句名言「我思故我在」嗎？絞盡腦汁讓工作有成果固然重要，但也要留時間去思考自己的存在。為了不被日常生活給淹沒，我們也可以在一成不變中來點小小的變化。例如不管第二天上班會不會遲到，試著晚睡去投入想做的事。試著一個人吃飯，偶爾提早下公車走路回家。邊做這些事情邊思考，不要去想工作的事，而是思考你平常從未想過的事。

除此之外，我們還要努力尋找自己喜歡做的事情。「快樂」這個單字已經從我們身上消失很久了。如果在工作上已經找不到快樂，那你就應該認真去尋找別的快樂。因為快樂是讓我們感受自己活著的最強烈情感之一。而且一個人擅長的事情往往就是他喜歡的事情，所以我們應該積極尋找自己喜歡的事，並且時常去做。

不要害怕獨處，而是要積極去創造獨處的機會。「幹嘛一個人？」是舊時代的思考方式。我們應該把獨處的時間當作一個機會，不需要在意別人的看法，可以盡情做自己喜歡的事。這個社會有太多的資訊、太多的誘惑，已經很少有機會讓你只在乎自己、只專注在自己身上了。當你發現獨處就像是日常生活中的綠洲，你的自尊提升就算是又向前邁進了一步。

然而盡情去體驗人際關係中的喜怒哀樂也是很重要的。他人經歷的愛與衝突一樣也會發生在我們的身上。人在充滿細菌的環境中培養出身體的免疫力，相同地，我們也必須先讓自己暴露在複雜、不自在的關係中，加強人際相處的免疫力，以抵擋將來可能發生的批評，強化自己的韌性。此外，人脈對我們有很多的幫助。就算是為了設置強而有力的友軍也好，我們都應該積極投入人與人之間的關係。我們都知道在關係中經歷過越多事情的人，越能具備良好的免疫力。

與人交往的同時，也別忘了持續練習如何專注在自己的感受和想法上。人的注意力通常容易被外在發生的客觀事件吸引，因此少了很多把焦點放在自己身上的練習。我們應該訓練自己更能集中注意力在自己身上，不管是透過閱讀、聽音樂，還是運動都好。此外多多利用我訊息來對話，想辦法了解自己、表達自己。

最後，請時時抱持尊重他人的態度。**當你尊重他人，你心中那顆尊重自己的種子也會發芽。**尊重別人，別人就不會老是想跟你比較。尊重和嫉妒是不同的。若能接受並且尊重與自己不同的人其原本的樣子，就可以避免不必要的嫉妒或自責。說好話，別人也會對你說好話，因此被尊重的人也會對你付出相同的尊重。他人對你的尊重會成為你信任自己「我也值得被尊重」的基石。雖然躲不掉別人的批評，但我們自己也不需要總是對人咆哮對吧？

【後記】

現在，把注意力回歸到愛你的人身上

醫生這個職業的特色就是工作環境的人際關係比其他職業還來得狹隘。我們在醫院這個有限的空間中工作，在某方面看來醫生可以說是扮演著「甲方」（主導者）的角色。事實上，為醫院帶來收入的主要角色就是醫生。這個職業比起其他工作更受禮遇，工作的環境也比較便利，所以久而久之對於一般上班族的煩惱就比較難感同身受。當然，醫師要面對形形色色的患者的確辛苦，但辛苦的程度絕對比不過跟客戶、組織內部起衝突而痛苦不堪的上班族。

不知道這是幸還是不幸，我有許多兒時就認識的朋友都是所謂的「上班族」。可能是職業病犯了，只要跟這群朋友出去喝酒或運動，我就很自然地跟他們聊起了工作上的各種壓力。他們最常吐露的苦衷就是「對人的抱怨」，例如「工作辛苦就算了，我甘願受。但是我就是不了解對方到底想要什麼，也不知道我該怎麼面對他才好」。

我聽了有許多同感，本來想給他一個厲害的回應，但是我卻常常不由自主老套地說：「船到橋頭自然直，試著正面思考吧！」每次講出這種話，就覺得有愧於我身為一位精神科醫師。我的回應讓朋友感到絕望，原來這些煩惱已經到了四面楚歌的地步，逃也逃不開了。

多虧我和朋友喝酒所聊的不能算是諮商的諮商，讓我在跟背負壓力的上班族面談時得到很大的幫助。如果想與患者建立更多的同理心，即使是間接的經驗也會有所幫助。這也是為什麼有小孩的精神科醫師會比未婚的醫師還更善於溝通養育的問題了。不過間接經驗也有它的侷限。面對一個抱怨公司和上司的來談者，我沒有百分之百把握能建構同理心，因為他們的煩惱和沮喪程度往往超出我的想像。現實比想像的還要殘酷，只是用蜻蜓點水的安慰提供協助，恐怕很難滿足他們的需求。只開藥給他們吃就更糗了，因為他們並不想被當成病人對待。事實上有許多人因為情緒無處宣洩，所以希望醫院裡至少有人可以聽他們說說話。畢竟就算你想抱怨，不管你喜不喜歡，職場不就是一個流言蜚語迅速擴散的窄小空間嗎？

不管是實習醫師、專任醫師，或是開院醫師的時期，我都遇過不少上班族。雖然有些人會鉅細靡遺地抱怨對工作的不滿，但也有人只在乎症狀的治療。當然也有來談者抱持著先入為主的觀念，認為精神科醫師無法理解一般上班族的煩惱。這對我來說也是一項挑戰。我必須更深入、更認真傾聽他們的煩惱。我也曾經因為怎麼樣都無法理解對方的狀況而慌張，也有過搞錯公司的部門或組織架構，導致聽不太懂患者所描述的內容。其實精神科醫院最常處理的問題並不是「上班族在職場上的鬥爭與煩惱」，反而比較常見婆媳關係或婚姻問題、親子問題，所以我在處理該類主題的時候能對來談者有更多的回饋。

我來到目前的工作崗位已經有三年了。我的一天大部分的時間都和許多對抗工作衝突與壓力的上班族談話。雖然偶爾會遇到因家庭或私人因素而煩惱的來談者，但他們的問題主要還是跟公司有關。其實我很敬佩他們。他們一大早就跟睡意搏鬥，揉揉眼睛清醒後就準備上班。別說是準時下班了，就算是披星戴月也得正面思考，準備第二天出門上班。他們連週末都要獻給公司。回到家中夜已深，但是只要看到家人，一天的辛勞也就消失了。他們即使睡眠不足，還是日復一日地工作，對這些人我深感敬佩。我常常想「要是我一定受不了」。雖然我在醫學院讀書或擔任實習醫師的時期一樣也經歷過各種身心方面的折磨，但至少現在我跟其他上班族相比，我過著更舒適、更輕鬆的生活。不論上班族是為了成功，還是為了生計而工作，目的為何並不重要。關鍵在於他們能夠從戰場般的職場上堅持下來，光是這點就值得我們敬佩。

我懷抱著對上班族敬佩和讚揚的心，每天努力想著要怎麼替他們解決煩惱。起初我的焦點著重在他們龐大的工作量和排滿的行程上，我認為在這樣的環境中怎麼可能沒有壓力，但實際上卻有很多地方跟我想的不一樣。工作確實有壓力，但更重要的是人。套一句老話：工作累沒關係，只要心裡舒服就好。來談者多數因為人際關係的煩惱而感到痛苦，而原本抱怨工作太累的人在深究原因之後，也發現問題是出在人身上。最終的問題就是人。

人與人之間所發生的職場問題中，最讓我感興趣的是有關批評的部分。批評就像是空氣般滲透在職場上任何一個角落，上司的責備、同事之間到處流傳的流言蜚語、在不注意時有關自己的負面消息傳遍了公司……一旦我們被批評，被害者實際上就只能束手無策地隱忍。輕率對抗或抗議批評只會招來更大的傷害。因此被害者漸漸認為自己是個沒用的人，嚴重時甚至認為這個世界上沒有希望。或許是因為每個人都曾經有被批評的經驗，所以我對批評有更大的興趣。我自己也曾經被無端誹謗而一個人氣得火冒三丈，相信閱讀本書的讀者也有這樣的經驗。當我開始注意批評這個主題之後，就更專注研究相關的問題，我發現批評不只在個人生活中，也占職場壓力很大的一部分。在寫這本書時我最想說的是，**千萬不要讓自己深深陷入入侵我們生活的批評中。你何必受那些不在乎你幸福或是過得好不好的人所提出的批評影響呢？最重要的是你自己，是你的幸福人生。**

就算到處都有批評等著你，也不需要抱持被害意識而活。是你，決定這個世界只有壞人，還是就算有壞人也還算不錯。比起正面的事情，人都會比較關注負面的事，這是很普遍的心態。我們不會感謝三餐都不餓肚子，但卻會拚命抱怨小菜不好吃。然而讓我們把焦點放在正面的事物上吧！你的身邊一定有喜歡你、珍惜你的人，但也會有瞧不起你、討厭你的人。但這又如何？光是把時間花在跟自己喜歡的人相處就已經不夠用了。如果我們能感謝他們的存在，並且成為他們的力量，那該有多好？

今天我也要發一則問候的訊息給我所喜歡的人了。

就算到處都有批評等著你，
也不需要抱持被害意識而活。

延伸閱讀

楊嘉玲—著

早點這樣想，該多好

從卡住的路轉彎，當一個幸福飽滿的大人。

收錄「藏在不禮貌的背後，更重要的事」一文
超過 26000 人網路瘋傳按讚分享！

現在，也許你在爛感情繞圈圈，你正走入人際關係的死巷裡，
或者焦慮未來的自己到底要何去何從？
你習慣讓嫉妒綁架你的善良，害怕變成自己也討厭的人……
如果有人能夠對你説，你不孤單，你的心情，有我來懂，該多好。
一個心理治療師跟你一樣，在成長的路上，努力成為一個幸福飽滿的大人，
每個生命階段的挫折與糾結，都有可能成為一次蜕變的契機，只要你不放棄。

璞成心理學堂創辦人／璞成心遇空間心理諮商所所長｜蘇絢慧 暖心推薦

宇佐美百合子—著
李璦祺—譯

如何愛你的負面情感

找到陷入負面情感的原因，才有能力真正愛自己…
愛你的負面情感，就是得到改變自己的機會。

日本亞馬遜網路書店讀者五顆星心靈推薦！

你對自己認識多少？你對自己的感受了解多少？
有時我們會搞不清楚自己到底要什麼？
突然爆衝的言語，憂鬱的心情，
看同事不順眼的嫉妒感，深夜的孤獨情緒……
對於憤怒、恐懼、自卑、無力感、無價值感等等這些負面情感，
只要是人，就一定會存在，只要與人交流，就一定無法避免。
然而正在侵蝕你的負面情感，其實也正是你挖掘自己的大好時機！

延伸閱讀

井上裕之—著　林佳翰—譯

心情整理術

今天也為你加油！

**「給不知不覺就太過努力的你一本最溫柔的安慰書，
專門療癒心痛的醫師作家送給大家的禮物。」**
——加拿大醫學博士王佑驊專文推薦

「只因為這樣就叫苦，我真的是很沒用啊！」
不會跟別人撒嬌，不想讓別人看到自己的脆弱？
「好寂寞、好難過、好悲傷、好不甘心、好痛苦……」
不自覺地想起過去的失敗與傷痛，任由自己沉浸在負面情緒裡？

每個人每天都需要心情整理術，面對一天的開端，
記得放掉心裡「一定要～～」的完美主義。
肯定今天的自己，愛今天的自己，
你的心靈將被幸福感占滿，自然地變成幸福體質。

HAZE—著　王品涵—譯

練習問自己：關於我，Me&Myself

送給渴望瞭解自己的你，專屬你的互動禮物書

**想瞭解別人之前，請先瞭解自己
一本解讀自己內在的最佳互動書！**

寫下來，我才知道什麼對自己來說是最重要的；
寫下來，我才記得我多麼有魅力；
寫下來，我才想起我是個下定決心就能搞定一切的人。
每天練習問自己，一天比一天更瞭解自己！
接受自己原本的模樣，並對此深信不疑；
醒悟人生當中最重要的人，不是別人，正是自己。

從現在起，練習問自己，練習仰賴自己，練習相信自己！

國家圖書館出版品預行編目資料

受傷的勇氣 / 李承珉著；袁育媗譯 . ——初版
——臺北市：大田，民 105.03
面；公分 . ——（Creative；088）

ISBN 978-986-179-434-1（平裝）

494.35　　104027029

Creative 088

受傷的勇氣

李承珉◎著
袁育媗◎譯

出版者：大田出版有限公司
台北市 10445 中山北路二段 26 巷 2 號 2 樓
E-mail：titan3@ms22.hinet.net　http：//www.titan3.com.tw
編輯部專線：（02）25621383　傳眞：（02）25818761
【如果您對本書或本出版公司有任何意見，歡迎來電】
法律顧問：陳思成 律師

總編輯：莊培園
副總編輯：蔡鳳儀　編輯：陳映璇
行銷企劃：高芸珮
行銷編輯：翁于庭
校對：金文蕙 / 袁育媗 / 黃薇霓
初版：2016 年 3 月 1 日　定價：250 元
二刷：2018 年 8 月 30 日

總經銷：知己圖書股份有限公司
台北公司：106 台北市大安區辛亥路一段 30 號 9 樓
TEL：02-23672044 / 23672047　FAX：02-23635741
台中公司：407 台中市西屯區工業 30 路 1 號 1 樓
TEL：04-23595819　FAX：04-23595493
E-mail：service@morningstar.com.tw
網路書店：http://www.morningstar.com.tw
讀者專線：04-23595819 # 230
郵政劃撥：15060393（知己圖書股份有限公司）

印刷：上好印刷股份有限公司
國際書碼：978-986-179-434-1　CIP：494.35/104027029